DÉPÔT LÉGAL
Seine & Oise
Nº

AF501913

LE

BUFFON ILLUSTRÉ

DE LA JEUNESSE

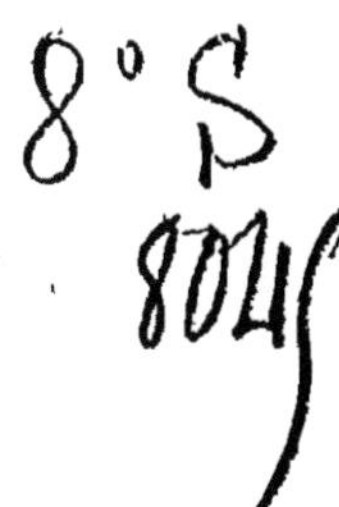

LE BUFFON ILLUSTRÉ DE LA JEUNESSE

ABRÉGÉ

de L'Histoire naturelle des Animaux.

PARIS
LIBRAIRIE DE THÉODORE LEFÈVRE ET Cie
ÉMILE GUÉRIN, ÉDITEUR
RUE DES POITEVINS

LE
BUFFON ILLUSTRÉ

PREMIÈRE PARTIE
MAMMIFÈRES

ANIMAUX DOMESTIQUES

LE CHEVAL

La plus noble conquête que l'homme ait jamais faite est celle de ce fier et fougueux animal qui partage avec lui les fatigues de la guerre : aussi intrépide que son maître, le cheval voit le péril et l'affronte : il se fait au bruit des armes, il l'aime, il le cherche, et s'anime de la même ardeur ; il partage aussi ses plaisirs à la chasse. Mais, docile autant que courageux, il ne se laisse point emporter à son feu, il sait réprimer ses mouvements : non seulement il fléchit sous la main de celui qui le guide, mais il semble consulter ses désirs, et, obéissant toujours aux impressions qu'il en reçoit, il se précipite, se modère ou s'arrête, et n'agit que pour y satisfaire : c'est une créature qui renonce à son être pour n'exister que par la volonté d'un autre, qui sait même la prévenir ; qui, par la promptitude et la précision de ses mouvements, l'exprime et l'exécute, qui sent autant qu'on le désire et ne rend qu'autant qu'on veut; qui, se livrant sans réserve, ne se refuse à rien, sert de toutes ses forces, s'excède, et même meurt pour mieux obéir.

Le cheval compose à lui seul la famille des solipèdes, c'est-à-dire des animaux qui n'ont qu'un seul sabot à chaque pied. Il a quarante-deux dents, et l'on voit entre

les incisives et les molaires un espace vide appelé *barre* dans lequel se met le mors. Le cheval atteint, en taille moyenne, à un mètre et demi ; il vit environ trente ans. C'est à quatre ans qu'on le monte et qu'on l'exerce à obéir aux ordres d'un maître.

Il est de tous les animaux celui qui, avec une grande taille, a le plus de proportion et d'élégance dans les parties de son corps; car, en lui comparant les animaux qui sont immédiatement au-dessus et au-dessous, on verra que l'âne est mal fait, que le lion a la tête trop grosse, que le bœuf a les jambes trop minces et trop courtes pour la grosseur de son corps, que le chameau est difforme, et que les plus gros animaux, le rhinocéros et l'éléphant, ne sont, pour ainsi dire, que des masses informes. Le grand allongement des mâchoires est la principale cause de la différence entre la tête des quadrupèdes et celle de l'homme ; c'est aussi le caractère le plus ignoble de tous : cependant, quoique les mâchoires du cheval soient fort allongées, il n'a pas comme l'âne un air d'imbécillité, ou de stupidité comme le bœuf : la régularité des proportions de sa tête lui donne, au contraire, un air de légèreté qui est bien soutenu par la beauté de son encolure. Le cheval semble vouloir se mettre au-dessus de son état de quadrupède en élevant sa tête ; dans sa noble attitude, il regarde l'homme face à face : ses yeux sont vifs et bien ouverts ; ses oreilles sont bien faites et d'une juste grandeur, sans être courtes comme celles du taureau, ou trop longues comme celles de l'âne : sa crinière accompagne bien sa tête, orne son cou, et lui donne un air de force et de fierté ; sa queue traînante et touffue couvre et termine avantageusement l'extrémité de son corps ; et comme il peut la mouvoir de côté, il s'en sert utilement pour chasser les mouches qui l'incommodent.

On juge assez bien du naturel et de l'état actuel de l'animal par le mouvement de ses oreilles : il doit, lorsqu'il marche, avoir les pointes des oreilles en avant. Un cheval fatigué a les oreilles basses ; ceux qui sont colères et mutins portent alternativement l'une des oreilles en avant ou en arrière.

Les espèces du genre cheval paraissent toutes originaires du grand plateau central de l'Asie et de l'Afrique orientale et méridionale ; le cheval domestique vient primitivement de la Tartarie.

Dans tous les animaux, chaque espèce est variée suivant les différents climats, et les résultats généraux de ces variétés forment et constituent les différentes races.

C'est ainsi que nous avons : les chevaux *arabes*, les chevaux *barbes*, plus communs, mais légers et propres à la course ; les *chevaux d'Espagne*, bons pour la guerre, pour la pompe et pour le manège ; les *chevaux anglais*, qui tiennent le milieu entre les arabes et les barbes ; les chevaux *mecklembourgeois*, *hollandais*, recherchés pour les attelages. Ces derniers sont les plus communément employés en France. On s'y sert aussi d'une espèce très répandue dans le Limousin.

Les chevaux arabes ont été de tout temps et sont encore les premiers chevaux du monde, tant pour la beauté que pour la bonté ; c'est d'eux que l'on tire les plus beaux chevaux qui soient en Europe, en Afrique et en Asie : le climat de l'Arabie est donc peut-être le vrai climat des chevaux. Le cheval arabe est reconnaissable à sa tête carrée, à son encolure de cerf.

En Ukraine et chez les Cosaques du Don, les chevaux vivent errants dans les campagnes. Dans le grand espace de terre compris entre le Don et le Dniéper, espace très mal peuplé, les chevaux sont en troupes de trois, quatre ou cinq cents, toujours sans abri, même dans la saison où la terre est couverte de neige ; ils détournent cette neige avec le pied de devant pour chercher et manger l'herbe qu'elle recouvre. Deux ou trois hommes à cheval ont le soin de conduire ces troupes de chevaux, ou plutôt de les garder, car on les laisse errer dans la campagne. Chacune de ces troupes de chevaux a un cheval-chef qui la commande, qui la guide, qui la tourne et range quand il faut marcher ou s'arrêter ; ce chef commande aussi l'ordre et les mouvements nécessaires lorsque la troupe est attaquée par les voleurs ou par les loups. Ce chef est très vigilant et toujours alerte : il fait souvent le tour de sa troupe, et si quelqu'un de ces chevaux sort du rang ou reste en arrière, il court à lui, le frappe d'un coup d'épaule, et lui fait prendre sa place. Ces animaux, sans être montés ni conduits par les hommes, marchent en ordre à peu près comme notre cavalerie. Le chef occupe ce poste encore plus fatigant qu'important pendant quatre ou cinq ans ; et lorsqu'il commence à devenir moins fort et moins actif, un autre cheval, ambitieux de commander, et qui s'en sent la force, sort de la troupe et attaque le vieux chef; s'il est victorieux, il se met à la tête de tous les autres, et s'en fait obéir.

En Finlande, au mois de mai, lorsque les neiges sont fondues, les chevaux partent de chez leurs maîtres, et s'en vont dans de certains cantons des forêts, où il semble qu'ils se soient donnés rendez-vous. Là, ils forment des troupes différentes, qui ne se mêlent ni ne se séparent jamais : chaque troupe prend un canton différent de la forêt pour sa pâture, et n'entreprend point sur celui des autres.

On sait que l'espèce du cheval n'existait pas dans le nouveau continent lorsqu'on en a fait la découverte, mais en moins de deux cents ans, le petit nombre de chevaux qu'on y a transportés d'Europe s'est si fort multiplié, et particulièrement au Chili, qu'ils y sont à très bas prix.

Le cheval est encore utile après sa mort : ses crins servent à faire des tissus ; son poil, de la bourre ; sa peau, des chaussures ; sa chair, des engrais ; ses intestins, de la colle forte ; ses os, du noir animal, etc.

Le cheval, semblable en cela à l'éléphant, est amoureux de parure. Toutes les fois qu'il est couvert de housses, de plumes, de grelots et autres ornements de harnais, il se montre plus vif et plus fort. Les muletiers espagnols, qui connaissent parfaitement le goût de cet animal, en profitent, lorsqu'ils veulent punir une de leurs bêtes pour quelque faute. Ils lui ôtent alors ses grelots et son panache, et le placent à la queue du convoi.

L'ANE

L'âne diffère du cheval par une tête plus grosse, par des oreilles plus longues, par une queue garnie de poils à son extrémité seulement, par des épaules moins larges et traversées, chez le mâle, par une ligne noire qui se croise avec une autre ligne de même couleur tracée le long du dos, par un dos plus tranchant, par une croupe moins carrée, enfin par son braiment. Il vit de quinze à seize ans dans notre pays. Sobre, apte au travail, sûr à la marche, il se rend très utile à l'homme qui malheureusement ne reconnaît presque toujours ses services qu'en l'accablant de mauvais traitements.

Il est de son naturel aussi humble, aussi patient, aussi tranquille que le cheval est fier, ardent, impétueux : il souffre avec constance, et peut-être avec courage, les châtiments et les coups. Il est sobre et sur la quantité et sur la qualité de la nourriture : il se contente des herbes les plus dures et les plus désagréables. Il est fort délicat sur l'eau ; il ne veut boire que de la plus claire et aux ruisseaux qui lui sont connus. Il boit aussi sobrement qu'il mange, et n'enfonce point du tout son nez dans l'eau, par la peur que lui fait, dit-on, l'ombre de ses oreilles.

Comme l'on ne prend pas la peine de l'étriller, il se roule souvent sur le gazon, sur les chardons, sur la fougère ; mais il ne se vautre pas comme le cheval, dans la fange et dans l'eau ; il craint même de se mouiller les pieds, et se détourne pour éviter la boue : aussi a-t-il la jambe plus sèche et plus nette que le cheval. Il est susceptible d'éducation, et l'on en a vu d'assez bien dressés pour faire curiosité de spectacle.

Dans la première jeunesse, il est gai, et même assez joli ; il a de la légèreté et de la gentillesse ; mais il la perd bientôt, soit par l'âge, soit par les mauvais traitements, et il devient lent, indocile et têtu. Il a pour sa progéniture le plus fort attachement. Il s'attache aussi à son maître, à moins que son naturel n'ait été vicié ; il le sent de loin et le distingue de tous les autres hommes ; il reconnaît aussi les lieux qu'il a coutume d'habiter, les chemins qu'il a fréquentés. Il a les yeux bons, l'odorat admirable, l'oreille excellente. Lorsqu'on le surcharge, il le marque en inclinant la tête et baissant les oreilles. Lorsqu'on le tourmente trop, il ouvre la bouche et retire les lèvres d'une manière très désagréable; ce qui lui donne l'air moqueur et dérisoire. Si on lui couvre les yeux, il reste immobile. Il marche, il trotte et il galope comme le cheval; mais tous ses mouvements sont petits et beaucoup plus lents. Quoiqu'il puisse d'abord courir avec assez de vitesse, il ne peut fournir qu'une petite carrière pendant

un petit espace de temps; et quelque allure qu'il prenne, si on le presse, il est bientôt rendu.

Comme on ne prend pas la peine de l'étriller, il se roule souvent sur le gazon, sur les chardons, sur la fougère; et, sans se soucier beaucoup de ce qu'on lui fait porter, il se couche pour se rouler toutes les fois qu'il le peut, et semble par là reprocher à son maître le peu de soin qu'on prend de lui. L'âne est courageux et se défend contre les loups et les chiens; il ne craint même pas de lutter contre le cheval, l'ours, le taureau et le sanglier.

De tous les animaux couverts de poils, l'âne est celui qui est le moins sujet à la vermine : jamais il n'a de poux, ce qui vient apparemment de la dureté et de la sécheresse de sa peau.

Il y a parmi les ânes différentes races, mais qu'on connaît moins que celles des chevaux. Dans les climats froids, il est plus faible que dans les climats chauds. Il paraît être venu primitivement d'Arabie en Égypte, d'Égypte en Grèce, de Grèce en Italie, d'Italie en France, en Allemagne, en Angleterre, en Suède, etc.

Primitivement, il n'y avait pas d'ânes en Amérique; ceux qui existent proviennent des individus apportés par les Espagnols, qui maintenant se trouvent de tous côtés par troupes à l'état sauvage.

La peau de l'âne est très dure et très élastique; elle sert à plusieurs usages : on en fait de forts souliers, des cribles, des tambours, du gros parchemin, du sagri ou chagrin; les anciens faisaient des flûtes avec ses os.

Les bateleurs sont parvenus à apprendre aux ânes des tours assez extraordinaires : à exprimer quelques petits nombres en levant et en abaissant la patte; à indiquer, au commandement, une carte rouge ou une carte noire jetées pêle-mêle avec d'autres; à s'asseoir sur les jambes de derrière et à se laisser gravement mettre un chapeau sur la tête, une serviette au cou, un long manche à balai au bras; à braire d'une manière plus ou moins douce, plus ou moins bruyante, et à imiter l'éternuement.

LE MULET

Le mulet tient de l'âne et du cheval; sa tête est plus grosse que celle du cheval, ses oreilles presque aussi longues que celles de l'âne, ses jambes sèches, sa queue presque nue. Il sert plus longtemps que le cheval, supporte mieux la faim et la fatigue et se montre plus robuste et moins délicat sur le choix des aliments. L'Espagne, le Portugal, l'Italie, le Midi de la France élèvent beaucoup de mulets, qui sont très utiles, grâce à leur vigueur, à la sûreté de leur marche, pour gravir les sentiers les plus escarpés à travers les montagnes. Le Poitou fournit chaque année, à lui seul, plus de quinze mille mulets.

Quoique le mulet aime les pays chauds, il s'habitue facilement aux climats froids.

LE BŒUF ET LA VACHE

Parmi les quadrupèdes ruminants, le bœuf se distingue à son corps trapu, à ses membres courts et robustes, à son cou garni en dessous d'une peau lâche qu'on appelle *fanon*, à ses cornes creuses, qui se courbent d'abord en bas et en dehors. Son cri est un mugissement grave, sourd et prolongé.

Le bœuf domestique est répandu aujourd'hui en Europe, en Asie, en Afrique et même en Amérique. Il se montre doux, patient, capable d'attachement ; mais il ne faut pas l'irriter, car alors il devient furieux et rien ne l'arrête dans l'exécution de sa prompte et terrible vengeance. Son pelage, ordinairement rougeâtre, noir ou blanc, se mélange souvent de ces trois couleurs; plus le poil est rouge, plus il est estimé ; on fait cas aussi du poil noir. Il atteint, en hauteur, à un mètre trente centimètres, en longueur, à deux mètres vingt centimètres ; il pèse jusqu'à six cents kilogrammes et plus (douze cents livres). Du reste, ces proportions varient suivant le climat, la race et les pâturages. Il vit communément de quatorze à quinze ans ; vers trois ans on le dresse au labour ; de cinq à dix, il est dans sa plus grande force ; à douze ans, il quitte la charrue pour passer à l'engraissement et de là à l'abattoir. Quand on veut faire servir la vache à la charrue, il faut l'assortir autant que possible avec un bœuf de sa taille et de sa force, afin d'obtenir un trait égal. Dans les terrains fermes et surtout dans les friches, il faut souvent jusqu'à huit ou dix bœufs, tandis que deux vaches suffiront pour labourer des terrains légers et sablonneux. Un bon bœuf pour la charrue ne doit être ni trop gras ni trop maigre, il doit avoir une tête courte et ramassée, les oreilles grandes, bien velues et bien unies, les cornes fortes, luisantes et de moyenne grandeur ; le front large, les yeux gros, noirs, le mufle gros et camus, les naseaux bien ouverts, les dents blanches et égales, les lèvres noires, le cou charnu, les épaules grosses et pesantes, la poitrine large, le fanon pendant jusque sur les genoux, les reins forts, larges, le ventre spacieux et tombant, la croupe épaisse, les jambes et les cuisses grosses

et nerveuses, le dos droit et plein, la queue pendante jusqu'à terre et garnie de poils touffus et fins, les pieds fermes, le cuir grossier et maniable, l'ongle court et large.

Le bœuf ne convient pas autant que le cheval, l'âne, le chameau, etc., pour porter des fardeaux ; la forme de son dos et de ses reins le démontre : mais la grosseur de son cou et la largeur de ses épaules indiquent assez qu'il est propre à porter le joug.

Sans le bœuf, les pauvres et les riches auraient beaucoup de peine à vivre ; la terre demeurerait inculte ; les champs, et même les jardins, seraient secs et stériles ; il est le domestique le plus utile de la ferme et fait la force de l'agriculture : il semble avoir été fait exprès pour la charrue; la masse de son corps, la lenteur de ses mouvements le peu de hauteur de ses jambes, tout jusqu'à sa tranquillité et sa patience dans le travail, semble concourir à le rendre propre à la culture des champs, et plus capable qu'aucun autre de vaincre la résistance constante et toujours nouvelle que la terre oppose à ses efforts.

Le produit de la vache est un bien qui croît et qui se renouvelle à chaque instant : la chair du veau est une nourriture aussi abondante que saine et délicate; le lait est l'aliment des enfants; le beurre, l'assaisonnement de la plupart de nos mets; le fromage, la nourriture la plus ordinaire des habitants de la campagne. Que de pauvres familles sont aujourd'hui réduites à vivre de leur vache!

La grande chaleur incommode les bœufs plus encore que le grand froid. Il faut pendant l'été les mener au travail dès la pointe du jour, les ramener à l'étable ou les laisser dans les bois pâturer à l'ombre pendant la grande chaleur, et ne les remettre à l'ouvrage qu'à trois ou quatre heures du soir. Au printemps, en hiver et en automne, on pourra les faire travailler sans interruption depuis huit ou neuf heures du matin jusqu'à cinq ou six heures du soir.

La nourriture et les soins sont à peu près les mêmes pour la vache et pour le bœuf; cependant la vache à lait exige des attentions particulières, tant pour la bien choisir que pour la bien conduire. On dit que les vaches noires sont celles qui donnent le meilleur lait, et que les blanches sont celles qui en donnent le plus.

Les pays les plus renommés pour produire les plus belles races sont : la Suisse, la Normandie, l'Angleterre et la Hollande. En général, il paraît que les pays un peu froids conviennent mieux à nos bœufs que les pays chauds, et qu'ils sont d'autant plus gros et plus grands que le climat est plus humide et plus abondant en pâturages. Les bœufs de Danemark, de l'Ukraine et de la Tartarie sont les plus grands de tous.

En Irlande, en Angleterre, en Suisse, en Hollande, et, en général, dans tout le Nord, on sale et on fume la chair du bœuf en grande quantité, soit pour l'usage de la marine, soit pour l'avantage du commerce. Il sort aussi de ces pays une grande quantité de cuirs.

Après la mort du bœuf, rien n'est perdu de lui : sa chair fournit à l'homme le meilleur et le plus substantiel

des aliments; sa peau travaillée sert à faire des chaussures; sa graisse donne du suif, de la pommade, de l'huile, dite de *pied de bœuf;* son poil, de la bourre pour les tapissiers et les selliers; ses cornes donnent des boutons, des peignes, des tabatières, etc.; ses os, des ouvrages pour le tour; ses nerfs ou tendons, des fouets, des cravaches, etc.; ses intestins, des enveloppes pour les saucissons, de la baudruche pour les ballons; son sang sert pour la fabrication de plusieurs couleurs et pour le raffinage du sucre; son fiel pour la peinture et le dégraissage, etc.

LE BÉLIER, LA BREBIS, LE MOUTON

Un bon et beau bélier doit avoir la tête forte et grosse, le front large, les yeux gros et noirs, le nez camus, les oreilles grandes, le cou épais, le corps long et élevé, les reins et la croupe larges, la queue longue ; les meilleurs béliers sont les blancs, bien chargés de laine sur la queue, sur la tête, sur les oreilles et jusque sur les yeux.

La brebis, plus petite que le bélier, n'a point de cornes ou les a courtes ; on l'estime beaucoup quand elle porte une laine abondante, touffue, longue, soyeuse et blanche. Cet animal si chétif en lui-même, si dépourvu de sentiment, si dénué de qualités extérieures, est pour

l'homme l'animal le plus précieux, celui dont l'utilité est la plus immédiate et la plus étendue ; seul, il peut suffire aux besoins de première nécessité ; il fournit tout à la fois de quoi nourrir et se vêtir, sans compter les avantages particuliers que l'on sait tirer du suif, du lait, de la peau, et même des boyaux, des os et du fumier de cet animal, auquel il semble que le nature n'ait rien accordé en propre, rien donné que pour rendre à l'homme.

On compte deux races principales de moutons sauvages dont nos races domestiques paraissent issues : le *mouflon*, qui habite l'Europe, et l'*argali*, qui habite l'Asie.

Les gens qui veulent former un troupeau et en tirer du profit, achètent des brebis et des moutons de dix-huit mois ou de deux ans. On en peut mettre cent sous la conduite d'un seul berger. Les coteaux et les plaines élevées au-dessus des collines sont les lieux qui leur conviennent le mieux : on évite de les mener paître dans les endroits bas, humides et marécageux. On les nourrit, pendant l'hiver, à l'étable, de son, de navets, de foin, de paille, de luzerne, de sainfoin, de feuilles d'orme, de frêne, etc.

Dans les terrains secs, dans les lieux élevés, où le serpolet et les autres herbes odoriférantes abondent, la chair du mouton est de bien meilleure qualité que dans les plaines basses. Rien ne flatte plus l'appétit de ces animaux que le sel, rien aussi ne leur est plus salutaire.

Tous les ans on fait la tonte de la laine des moutons, des brebis et des agneaux : dans les pays chauds, où l'on ne craint pas de mettre l'animal tout à fait nu, l'on ne coupe pas la laine, mais on l'arrache, et on en fait souvent deux récoltes par an ; en France, et dans les climats plus froids, on se contente de la couper une fois par an, au mois de mai, avec de grands ciseaux, et on laisse aux moutons une partie de leur toison.

Les moutons qui produisent de la laine ne sont livrés à la boucherie que de huit à dix ans ; on tue les autres à deux ou trois ans. La graisse de mouton ou *suif* produit aussi un grand bénéfice. Sa peau est employée par les gantiers, les chamoiseurs, les cordonniers, etc. ; le parchemin le plus fin se fait avec de la peau d'agneau. Avec le lait de la brebis on prépare plusieurs fromages, entre autres, celui de Roquefort.

LA CHÈVRE

La chèvre est reconnaissable à ses cornes dirigées en haut et en arrière et comprimées transversalement ; à ses oreilles droites ; à son corps svelte ; à ses jambes robustes ; à sa queue courte ; à son pelage composé de deux sortes de poils, les uns rudes et drus ; les autres luisants et d'une mollesse extrême ; ordinairement la chèvre a le menton garni d'une barbe assez longue.

L'espèce principale est la *chèvre sauvage*, souche de nos chèvres domestiques, remarquable par sa tête noire sur le devant, rousse sur les côtés, et par son corps d'un gris roussâtre avec une ligne noire sur le dos et à la queue. On trouve des troupes de chèvres sauvages sur les montagnes escarpées de la Perse. Les variétés domestiques sont les chèvres communes, que tout le monde connaît; on estime leur lait (surtout celui des chèvres blanches) pour le faire boire aux jeunes enfants.

Nous citerons encore : la chèvre de Cachemire, qui

fournit le tissu des châles du même nom; la chèvre angora, dont le poil long et soyeux sert à faire de magnifiques étoffes.

Le petit de la chèvre s'appelle chevreau.

La chèvre a, de sa nature, plus de sentiment et de ressources que la brebis : elle vient à l'homme volontiers, elle se familiarise aisément, elle est sensible aux caresses et capable d'attachement; elle est aussi plus forte, plus légère, plus agile et moins timide que la brebis ; elle est vive, capricieuse et vagabonde. Ce n'est qu'avec peine qu'on la conduit et qu'on peut la réduire en troupeau; elle aime à s'écarter dans les solitudes, à grimper sur les lieux escarpés, à se placer et même à dormir sur la pointe des rochers et sur le bord des précipices : elle est robuste, aisée à nourrir ; presque toutes les herbes lui sont bonnes, et il y en a peu qui l'incommodent. Elle ne craint pas, comme la brebis, la trop grande chaleur ; elle dort au soleil, et s'expose volontiers à ses rayons les plus vifs.

Lorsqu'on conduit les chèvres avec les moutons, elles ne restent pas à leur suite ; elles précèdent toujours le troupeau. Il vaut mieux les mener séparément paître sur les collines ; elles trouvent autant de nourriture qu'il leur en faut dans les bruyères, dans les friches et dans les terres stériles. Il faut les éloigner des endroits cultivés ; elles font un grand dégât dans les taillis ; les arbres dont elles broutent avec avidité les jeunes pousses et les écorces tendres périssent presque tous.

Dans la plupart des climats chauds, l'on nourrit les chèvres en grande quantité, et on ne leur donne point d'étable. En France, elles périraient si on ne les mettait pas à l'abri pendant l'hiver.

Il est bon de les sortir de grand matin pour les mener aux champs ; l'herbe chargée de rosée qui n'est pas bonne pour les moutons fait grand bien aux chèvres.

La chèvre se montre toujours une mère dévouée non seulement pour ses petits, qu'elle défend contre les animaux les plus féroces, le lion, le tigre, mais même pour ses enfants d'adoption. On connaît l'histoire de cette chèvre qui nourrit un poulain et qui suivait ce pauvre animal partout, même dans les lieux qu'elle-même ne fréquente naturellement pas, qui le rappelait par des bêlements plaintifs et inquiets lorsqu'il s'éloignait d'elle. J'ai vu moi-même une chèvre chargée d'allaiter une petite fille de quelques mois et qui ne permettait à personne d'approcher d'elle, excepté au père et à la mère.

LE COCHON

On reconnaît le cochon proprement dit à son corps couvert de poils raides ou *soies* ; à ses dents incisives, à ses deux canines et à ses quatorze molaires à chaque mâchoire ; à son groin sur lequel sont percées les narines ; à ses yeux petits à pupille ronde, à ses oreilles assez larges et pointues ; à sa queue courte et tortillée. Il aime les pays marécageux, il se vautre avec plaisir dans la fange ; de tous les quadrupèdes, il semble être le plus brut ; les imperfections de la forme paraissent influer sur le naturel ; toutes ses habitudes sont grossières, tous ses goûts sont immondes, toutes ses sensations se réduisent à une gourmandise qui lui fait dévorer tout ce qui se présente et même sa progéniture au moment où elle vient de naître.

Sa voracité dépend apparemment de la grande capacité de son estomac, de la grossièreté de ses appétits et de l'hébétation du sens du goût et du toucher. La rudesse du poil, la dureté de la peau, l'épaisseur de la graisse, rendent le cochon peu sensible aux coups ; on a vu des souris se loger sur son dos et lui manger le lard et la peau sans qu'il parût le sentir.

Pour engraisser le cochon, on lui donne pendant deux mois de l'orge, du gland, des choux, des légumes cuits et beaucoup d'eau mêlée de son ; pendant quinze jours, avant de le tuer, il faut avoir soin de le tenir dans une étable propre et pavée, sans litière, et en ne lui donnant que des grains de froment pur et sec, en ne le faisant boire que très peu : alors sa chair devient excellente et

2

son lard ferme et cassant. Les cochons aiment beaucoup les vers de terre et certaines racines, comme celle de la carotte sauvage, la truffe, etc. C'est pour trouver ces vers et ces racines qu'ils fouillent la terre avec leur boutoir.

Le porc mâle s'appelle *verrat*, sa femelle *truie*, leurs petits *pourceaux*, *cochons de lait* ou *cochonnets* tant qu'ils tettent leur mère.

Tout est utile dans le cochon ; de là le proverbe. Depuis les pieds jusqu'à la tête, tout est bon ; on sait de quel usage est son lard et sa chair ; on mange jusqu'à ses intestins ; la graisse de ses entrailles donne le saindoux ou axonge ; sa peau sert à faire des cribles, ses poils ou soies, durs et fermes, sont bons pour faire des pinceaux et des brosses. Un cochon pèse ordinairement de quatre-vingts à quatre-vingt-dix kilogrammes.

LE SANGLIER

Le sanglier a la tête plus allongée que celle du cochon domestique ; elle s'appelle *hure* ; ses oreilles sont plus courtes et moins pointues ; ses défenses plus longues ; ses soies plus grosses, raides, d'un brun noirâtre, et mêlées, sur diverses parties du corps, d'une espèce tantôt noirâtre cendrée, tantôt jaunâtre ; sa queue est droite et courte. Jusqu'à six mois, on nomme le sanglier *marcassin* ; à cet âge, on l'appelle *bête rousse* ; à un an, *bête de compagnie* ; à deux ans, *ragot* ; à trois, *sanglier à son tiers an* ; à quatre, *quartenier* ; plus tard, *vieux sanglier solitaire*, etc. Sa femelle s'appelle *laie* ; elle défend courageusement ses petits. Le sanglier vit jusqu'à vingt-cinq ou trente ans. Il recherche pour demeure les endroits les plus sombres de la forêt, reste le jour dans sa bauge et n'en sort que le soir pour aller chercher sa nourriture : fruits sauvages, racines, graines et quelquefois levrauts, lapereaux et perdrix. Comme le cochon, il fouille le sol, mais en droite ligne et profondément. Il s'apprivoise facilement ; il reconnaît celui qui le soigne et lui obéit. On le chasse à force ouverte avec des chiens, ou bien on le tue par surprise pendant la nuit, au clair de la lune ; il faut beaucoup de prudence et de précaution ; souvent le sanglier blessé et devenu furieux éventre hommes, chevaux et chiens. La hure, les quartiers de devant, les filets et les jambons se servent seuls sur la table. La chair du jeune marcassin est fine et délicate.

LE CHIEN

Le chien est caractérisé par la présence de cinq doigts aux pieds de devant et de quatre seulement à ceux de derrière, le pelage composé généralement de poils soyeux et de poils laineux ; il a la vue et l'odorat très fins. Les pores de sa peau sont si serrés qu'il ne sue jamais et qu'il peut se jeter à l'eau quand il est très échauffé, sans en être incommodé. Son cri est l'aboiement. Il vit de douze à seize ans. On peut connaître son âge par les dents qui, dans sa jeunesse, sont blanches, tranchantes et pointues, et qui, à mesure qu'il vieillit, deviennent noires et inégales. On le connaît aussi par le poil, car il blanchit sur le museau, sur le front et autour des yeux. Quoique naturellement vorace et gourmand, il peut se passer de nourriture pendant longtemps.

Le chien, indépendamment de la beauté de sa forme, de la vivacité, de la force, de la légèreté, a par excellence toutes les qualités intérieures qui peuvent lui attirer les regards de l'homme. Un naturel ardent, colère, même féroce et sanguinaire, rend le chien sauvage redoutable à tous les animaux, et cède, dans le chien domestique, aux sentiments les plus doux, au plaisir de s'attacher et au désir de plaire ; il vient en rampant mettre aux pieds de son maître son courage, sa force, ses talents : il attend ses ordres pour en faire usage, il le consulte, il l'interroge, il le supplie ; un coup d'œil suffit, il entend les signes de sa volonté. Sans avoir, comme l'homme, la lumière de la pensée, il a toute la chaleur du sentiment ; il a de plus que lui la fidélité, la constance dans ses affections : nulle ambition, nul intérêt, nul désir de vengeance, nulle crainte que celle de déplaire.

Plus sensible au souvenir des bienfaits qu'à celui des

Grand lévrier.

outrages, il ne se rebute pas par les mauvais traitements, il les subit, il les oublie, ou ne s'en souvient que pour s'attacher davantage ; loin de s'irriter ou de fuir, il s'expose de lui-même à de nouvelles épreuves ; il lèche cette main, instrument de douleur, qui vient de le frapper ; il ne lui oppose que la plainte, et la désarme enfin par la patience et la soumission.

Plus docile que l'homme, plus souple qu'aucun des

animaux, non seulement le chien s'instruit en peu de temps, mais même il se conforme aux mouvements, aux manières, à toutes les habitudes de ceux qui lui commandent : il prend le ton de la maison qu'il habite ; comme les autres domestiques, il est dédaigneux chez les grands, et rustre à la campagne. Toujours empressé pour son maître et prévenant pour ses seuls amis, il ne fait aucune

Dogue du Thibet.

attention aux indifférents, et se déclare contre ceux qui par état ne sont faits que pour importuner ; il les connaît aux vêtements, à la voix, à leurs gestes, et les empêche d'approcher. Lorsqu'on lui a confié pendant la nuit la garde de la maison, il devient plus fier, et quelquefois féroce ; il veille, il fait la ronde, il sent de loin les étrangers, et, pour peu qu'ils s'arrêtent et tentent de franchir les barrières, il s'élance, il donne l'alarme, il avertit et combat.

On compte quatre espèces de chiens domestiques :

Les *mâtins*, ordinairement de grande taille, à museau

long, à oreilles courtes. Les principaux sont le mâtin ordinaire, de couleur jaune fauve ; — le danois blanc moucheté ; — le lévrier, gris-souris, qui chasse le lièvre à vue ; — le chien de berger, noirâtre, d'un admirable instinct pour la garde des troupeaux ; — le chien des Alpes ou chien du Mont Saint-Bernard.

Les *dogues*, à tête ronde, à museau court, à oreilles courtes, à front saillant, parmi lesquels on peut citer : le grand dogue à museau noir, propre au combat ; le bouledogue, plus petit que le précédent ; — le doguin et le carlin, plus petits encore.

Les *roquets*, petits, à front bombé, à museau court et pointu, parmi lesquels nous citerons : le roquet ordinaire, criard, hargneux mais très fidèle. Le chien turc à la peau presque nue, de couleur chair marquée de taches brunes. Christophe Colomb le trouva en Amérique à l'époque de sa découverte (1492).

Les *épagneuls*, moins grands que les mâtins, à oreilles longues, larges et pendantes, et parmi lesquels nous citerons : le chien-loup, blanc jaunâtre, excellent gardien ; — l'épagneul français, blanc et brun-marron, bon pour la chasse et le marais ; — le basset, à jambes courtes et grosses, bon pour la chasse au lapin ; — le chien courant, blanc mêlé de noir ou de fauve, aux oreilles longues et pendantes, peu attaché à son maître, bon pour la chasse ; le caniche ou barbet noir ou blanc, à poil frisé et laineux, le plus intelligent de tous les chiens ; — le chien de Terre-Neuve, à pelage long, soyeux, blanc tacheté de noir, queue en panache, à doigts un peu palmés, qui lui permettent de nager facilement ; on le dresse à secourir les personnes en danger de se noyer ; le chien d'arrêt, blanc avec des taches brun-marron, à museau épais, intelligent, très attaché à son maître, bon pour la chasse de plaine ; — le braque à nez fendu, variété du précédent, mais bon chasseur.

Le chien de rue est un mélange de plusieurs espèces et ne peut être rangé dans aucune d'elles.

La grande sensibilité de l'odorat du chien, dit M. A. de Nore dans *les Animaux raisonnent*, contribue puissamment à développer chez lui les actes d'intelligence; on en a vu un qui savait retrouver le mouchoir de son maître, même après que ce mouchoir avait passé par les mains et dans les poches de sept ou huit personnes.

Un particulier, qui habitait de l'autre côté de l'eau vis-

Grand épagneul.

à-vis de Falmouth en Angleterre, avait dressé un chien de Terre-Neuve à traverser chaque matin cette eau pour aller à la poste prendre des lettres et les lui apporter au moment où il se mettait à table pour déjeuner. On lit dans les annales romaines que, sous le consulat d'Appius Junius et de Publius Ælius, lorsque, pour venger la mort de Néron, fils de Germanicus, on fit subir le dernier supplice à Titius Sabinus et à ses esclaves, un de ceux-ci avait un chien qu'on ne put jamais chasser de la prison, et qui, lorsque l'esclave en question eut été mis à mort, ne quitta point le cadavre, mais l'accompagna aux gémonies où il fut exposé, et là se mit à hurler plaintivement en présence d'un grand nombre de spectateurs assemblés à l'entour de ce lieu. Quelqu'un des esclaves ayant jeté un morceau de pain à ce chien, il alla le porter à la bouche du défunt, et lorsqu'on eut précipité le cadavre dans le Tibre, le chien s'efforça encore de le soutenir sur l'eau en nageant auprès.

On raconte qu'un Anglais paria que son bouledogue ne lâcherait pas le taureau qu'il avait saisi, quand même on lui couperait une ou plusieurs pattes. Le pari fut tenu, et le chien, en effet, se laissa couper les quatre pattes l'une après l'autre sans lâcher prise.

Un berger ayant été assassiné sur un chemin dans la nuit, plusieurs personnes furent amenées auprès du cadavre, parce que le chien était allé appeler du secours au logis de son maître. Une circonstance toute particulière dans l'acte de ce chien, c'est que, pour mieux faire comprendre sa démarche, il apporta aux pieds de ceux dont il venait requérir l'assistance, le paquet noué dans un mouchoir dont s'était muni le berger.

Une lionne perdit le chien avec lequel elle avait été élevée, et pour offrir toujours le même spectacle au public, on lui en donna un autre qu'aussitôt, elle adopta. Elle n'avait pas paru souffrir de la perte de son compagnon ; l'affection qu'elle avait pour lui était très faible. La lionne mourut à son tour : le chien ne voulut pas quitter la loge qu'il avait habitée avec elle ; il refusa de manger et succomba à la tristesse et à la faim au bout de quelques jours.

LE CHAT

Il est aisé de reconnaître le chat à sa tête arrondie, à son museau court, à sa langue mince, rude, couverte de papilles (sortes d'épines) à pointes dirigées en arrière, à ses oreilles courtes et droites, à ses pattes armées de griffes aiguës, à son pelage généralement riche et varié.

Le chat domestique présente beaucoup de variétés : le chat tigré, qui ne diffère du chat sauvage que parce qu'il est plus gros et qu'il a le nez, les lèvres et le dessus des pattes noirs ; on l'estime surtout pour faire la chasse aux

rats ; — le chat variable, tacheté de blanc ; — le chat des Chartreux, d'un gris d'ardoise ; — le chat tout noir ; — le chat tout blanc ; — le chat d'Espagne, varié de noir, de blanc et de roux ; — enfin le chat angora, qui se fait remarquer par la longueur, la finesse et la souplesse de son poil, et dont la couleur, primitivement blanche, a varié dans l'état de domesticité.

Le chat est un domestique fidèle qu'on ne garde que par nécessité, pour l'opposer à un autre ennemi domestique encore plus incommode, et qu'on ne peut chasser. Ces animaux ont une malice innée, un caractère faux, un naturel pervers, que l'âge augmente encore et que l'éducation ne fait que masquer. De voleurs déterminés, ils deviennent seulement, lorsqu'ils sont bien élevés, souples et flatteurs comme les fripons ; ils ont la même adresse, la même subtilité, le même goût pour faire le mal, le même penchant à la petite rapine ; comme eux, ils savent couvrir leur marche, dissimuler leur dessein, épier les occasions, attendre, choisir, saisir l'instant de faire leur coup, se dérober ensuite au châtiment, fuir et demeurer jusqu'à ce qu'on les rappelle. Ils prennent aisément des habitudes de société, mais jamais des mœurs. Ils n'ont que l'apparence de l'attachement ; on le voit à leurs yeux équivoques : ils ne regardent jamais en face la personne aimée ; soit défiance ou fausseté, ils prennent des détours pour en approcher, pour chercher des caresses auxquelles ils ne sont sensibles qu'à cause du plaisir qu'elles leur font.

Les jeunes chats sont gais, vifs, jolis, et seraient aussi très propres à amuser les enfants, si les coups de pattes n'étaient pas à craindre ; mais leur badinage, quoique toujours agréable et léger, n'est jamais innocent, et bientôt il se tourne en malice habituelle.

On raconte que des moines grecs de l'île de Chypre avaient dressé des chats à chasser, prendre et tuer les serpents dont cette île était infestée.

Un physicien mit un chat sous une machine pneumatique et commença à faire jouer activement le piston. L'animal ne tarda pas à se sentir gêné dans une atmosphère qui se raréfiait de plus en plus ; il comprit bientôt d'où venait le danger et plaça sa patte sur le trou qui donnait issue à l'air, empêchant ainsi qu'il en sortît davantage. Tous les efforts du physicien furent inutiles lorsqu'il voulut tirer le piston, dont la patte du chat arrêtait le jeu. Il fit rentrer l'air dans le récipient pour déboucher le trou du plateau ; le chat, dont la patte se trouvait alors dégagée, la retira aussitôt, mais au premier coup de piston qui le privait d'une portion d'air, il se hâtait de l'y remettre. Tous les spectateurs applaudirent à la sagacité de l'animal, que l'on fut obligé de délivrer pour lui en substituer un autre moins intelligent.

Une chatte guettait une souris qui paraissait être dans un mouvement perpétuel à l'entrée de son trou, d'où la vue de l'ennemi l'empêchait de sortir. La chatte, à qui la timidité de la souris semblait ôter toute espérance, quitta tout à coup son poste et se coucha d'un air indifférent, le dos tourné vers le trou, comme s'il n'eût plus été question de proie. Trompée par cette apparente tranquillité, la petite bête se hasarda à sortir et se tapit toute tremblante à quelque distance de la chatte. Rien ne remue; elle fait un pas encore, et puis deux, toujours en s'arrêtant. Même indifférence du côté de la chatte. A la fin elle risque une petite course. Ici, le lecteur s'imagine que la chatte s'élance sur la souris, dont elle observait de travers toutes les allures? Point du tout; elle court au trou et le bouche avec sa patte. Le trouble où cette ruse jeta le petit animal le fit se précipiter presque de lui-même dans les griffes de son ennemi.

ANIMAUX SAUVAGES

LE LOUP

Le loup diffère du chien proprement dit par son museau plus allongé, ses oreilles toujours droites, ses proportions plus fortes, sa taille plus grande, son pelage composé de poils dont les plus longs sont blancs à la racine, noirs un peu au-dessus, ensuite fauves, puis blancs et noirs à l'extrémité. La longueur du corps, depuis le museau jusqu'à la queue, est d'environ 1 mètre 13 centimètres.

Le loup est l'un de ces animaux dont l'appétit pour la chair est le plus véhément; et quoique avec ce goût il ait reçu de la nature les moyens de le satisfaire, qu'elle lui ait donné des armes, de la ruse, de l'agilité, de la force, tout ce qui est nécessaire en un mot pour trouver, attaquer, vaincre, saisir et dévorer sa proie, cependant il meurt souvent de faim, parce que l'homme lui a déclaré la guerre.

Le loup, tant à l'extérieur qu'à l'intérieur, ressemble si fort au chien, qu'il paraît être modelé sur la même forme ; cependant si la forme est semblable, le naturel est si différent que, non seulement ils sont incompatibles, mais antipathiques par nature, ennemis par instinct. Un jeune chien frissonne au premier aspect du loup ; il fuit à l'odeur seule qui, quoique nouvelle, inconnue, lui répugne si fort qu'il vient en tremblant se ranger entre les jambes de son maître ; un mâtin, qui connaît ses forces, se hérisse, s'indigne, l'attaque avec courage, tâche de le mettre en fuite et fait tous ses efforts pour se délivrer d'une présence qui lui est odieuse ; jamais ils ne se rencontrent sans fuir ou sans combattre et combattre à outrance jusqu'à ce que la mort s'ensuive. Si le loup est plus fort, il déchire, il dévore sa proie ; le chien, au contraire, plus généreux, se contente de la victoire et ne trouve pas que *le corps d'un ennemi mort sente bon;* il l'abandonne pour servir de pâture aux corbeaux, et même aux autres loups, car ils s'entre-dévorent, et lorsqu'un loup est blessé grièvement, les autres le suivent au sang et s'attroupent pour l'achever.

Le loup pris jeune s'apprivoise mais ne s'attache pas : la nature est chez lui plus forte que l'éducation, l'âge lui rend son caractère farouche et il retourne dès qu'il le peut à son état sauvage.

Les louveteaux naissent les yeux fermés, comme les chiens ; la mère les allaite pendant quelques semaines, et leur apprend bientôt à manger de la chair, qu'elle leur prépare en la mâchant. Quelque temps après, elle leur apporte des mulots, des levrauts, des perdrix, des volailles vivantes ; les louveteaux commencent par jouer avec elles, et finissent par les étrangler ; la louve ensuite les déplume, les écorche, les déchire, et en donne une part à chacun. Ils ne sortent du fort où ils ont pris naissance qu'au bout de six semaines ou deux mois ; ils suivent alors leur mère, qui les mène boire dans quelque tronc d'arbre ou à quelque mare voisine ; elle les ramène au gîte ou les oblige à se recéler ailleurs

lorsqu'elle craint quelque danger. Ils la suivent ainsi pendant plusieurs mois. Quand on les attaque, elle les défend de toutes ses forces, et même avec fureur, quoique, dans les autres temps, elle soit plus timide que le mâle ; aussi ne l'abandonnent-ils que quand leur éducation est faite, quand ils se sentent assez forts pour n'avoir plus besoin de secours ; c'est ordinairement à dix mois ou un an, lorsqu'ils ont acquis de la force, des armes et des talents pour la rapine.

Ces animaux, qui sont deux ou trois ans à croître, vivent quinze ou vingt ans. Les loups blanchissent dans la vieillesse ; ils ont alors toutes les dents usées. Ils dorment lorsqu'ils sont rassasiés ou fatigués, mais plus le jour que la nuit, et toujours d'un sommeil léger.

Ils boivent fréquemment. Quoique très voraces, ils supportent aisément la diète : ils peuvent passer quatre ou cinq jours sans manger, pourvu qu'ils ne manquent pas d'eau.

Le loup a beaucoup de force. Il mord cruellement, et toujours avec acharnement. Il craint pour lui, et ne se bat que pour la nécessité, et jamais par un mouvement de courage. Il marche, court, rôde des jours entiers et des nuits ; il est infatigable, et c'est peut-être de tous les animaux le plus difficile à forcer à la course. Le chien est doux et courageux ; le loup, quoique féroce, est timide : lorsqu'il tombe dans un piège, il est si fort et si longtemps épouvanté, qu'on peut ou le tuer sans qu'il se défende ou le prendre vivant sans qu'il résiste. Le loup a les sens très bons, l'œil, l'oreille et surtout l'odorat ; il sent souvent de plus loin qu'il ne voit ; l'odeur du carnage l'attire de plus d'une lieue ; il sent aussi de loin les animaux vivants. Il aime la chair humaine.

Dans les campagnes, pour se défaire des loups, on fait des battues à force d'hommes et de mâtins, on tend des pièges, on présente des appâts, on fait des fossés, on répand des boulettes empoisonnées : tout cela n'empêche pas que ces animaux ne soient toujours en même nombre, surtout dans les pays où il y a beaucoup de bois.

La couleur et le poil de ces animaux changent suivant les différents climats et varient quelquefois dans le même pays. On trouve en France et en Allemagne, outre les loups ordinaires, quelques loups à poil plus épais et tirant sur le jaune. Dans les pays du Nord, on en trouve de tout blancs et de tout noirs. L'espèce commune est très généralement répandue.

LE RENARD

Cet animal est caractérisé par son museau effilé, sa grosse tête, son front aplati, ses oreilles droites, pointues, ses yeux très inclinés vers le nez, sa longue queue, son pelage épais, fauve sur le corps et sur la queue, blanc autour de la bouche, au cou, à la gorge, au ventre, à l'intérieur des cuisses, brun foncé aux pattes. La longueur du corps, depuis le museau jusqu'à l'origine de la queue, est de 70 centimètres.

Le renard est fameux par ses ruses et mérite en partie sa réputation ; ce que le loup ne fait que par la force, il

le fait par adresse et réussit plus souvent ; sans chercher à combattre les chiens ni les bergers, sans attaquer les troupeaux, sans traîner les cadavres, il est plus sûr de vivre. Il emploie plus d'esprit que de mouvement ; ses ressources semblent être en lui-même. Fin autant que circonspect, ingénieux et prudent, même jusqu'à la patience, il varie sa conduite, il a des moyens de réserve qu'il sait n'employer qu'à propos. Il veille de près à sa conservation : quoique aussi infatigable, et même plus léger que le loup, il ne se fie pas entièrement à la vitesse de sa course ; il sait se mettre en sûreté en se pratiquant un asile, où il se retire dans les dangers pressants, où il s'établit, où il élève ses petits.

Il ravage la basse-cour, il y met tout à mort et se retire ensuite lestement en emportant sa proie, qu'il cache sous la mousse, ou porte à son terrier. Il chasse les jeunes levrauts en plaine, saisit quelquefois les lièvres au gîte, ne les manque jamais lorsqu'ils sont blessés, déterre les lapereaux dans les garennes, découvre les nids de perdrix, de cailles, prend la mère sur les œufs, et détruit une quantité prodigieuse de gibier.

Le renard est aussi vorace que ce carnassier ; il mange de tout avec une égale avidité. Il est très avide de miel ; il attaque les abeilles sauvages, les guêpes, les frelons. Enfin il mange du poisson, des écrevisses, des hannetons, des sauterelles, etc.

Le renard a les sens aussi bons que le loup, le sentiment plus fin, et l'organe de la voix plus souple et plus parfait. Le loup ne se fait entendre que par des hurlements affreux ; le renard glapit, aboie et pousse un son triste, semblable au cri de paon. La chair du renard est moins mauvaise que celle du loup, et sa peau d'hiver fait de bonnes fourrures. Il a le sommeil profond ; on l'approche aisément sans l'éveiller.

Cet animal est un de ceux qui subissent le plus facilement les influences de climat, et l'on trouve presque autant de variétés que dans les espèces d'animaux domestiques.

La plupart de nos renards sont roux, mais il s'en trouve aussi dont le poil est gris argenté ; tous deux ont le bout de la queue blanc.

Dans les pays du Nord il y en a de toutes les couleurs, des noirs, des blancs, des bleus, des gris. L'espèce commune est plus généralement répandue qu'aucune des autres : on la trouve partout en Europe, dans l'Asie septentrionale, en Amérique ; mais elle est fort rare en Afrique.

On chasse le renard avec des chiens bassets, des chiens

courants, des criquets : dès qu'il se sent poursuivi, il court à son terrier ; les bassets à jambes torses sont ceux qui s'y glissent le plus aisément. Cette manière est bonne pour prendre une portée entière de renards, la mère avec les petits. La façon la plus sûre est de commencer par boucher le terrier, puis on tire sur la bête au moment où elle veut y entrer.

Parmi les principales espèces de renards nous citerons :

Le renard musqué, au pelage d'un rouge pâle en dessous du corps et qui exhale une odeur analogue à celle de la fouine ;

Le renard blanc, au pelage blanc ;

Le renard tricolore, remarquable par sa couleur d'un gris noir au-dessus du corps, ses oreilles d'un roux vif, sa gorge et ses joues blanches, sa mâchoire inférieure noire, son ventre et sa queue fauves et glacés de noirs ; il s'apprivoise facilement.

LE BLAIREAU

On reconnaît le blaireau à son corps bas sur jambes, à ses pieds à cinq doigts armés d'ongles robustes, propres à fouiller ; à sa queue courte et velue, à sa poche pleine d'une humeur grasse et fétide, et placée à la partie postérieure de son corps ; à son pelage long, bien fourni, gris-brun par-dessus, noir en dessous ; enfin, à une bande longitudinale noire qui, de chaque côté de la tête, passe sur l'œil et sur l'oreille ; la longueur de cet animal atteint, non compris la queue, à environ 60 centimètres.

Le blaireau est un animal paresseux, défiant, solitaire, qui se retire dans les lieux écartés, dans les bois les plus sombres, et s'y creuse une demeure souterraine ; il semble fuir la société, même la lumière, et passe les trois quarts de sa vie dans ce séjour ténébreux dont il ne sort que pour chercher sa subsistance; il tient son domicile propre et n'y fait jamais ses ordures. La mère prend grand soin de ses petits, elle leur apporte à manger quand ils sont un peu grands; elle déterre les nids de guêpe, en prend le miel, perce le terrier des lapins, enlève les jeunes lapereaux, saisit aussi les mulots, les lézards, les serpents, les sauterelles, les œufs d'oiseaux, etc.

Les blaireaux sont naturellement frileux; ceux qu'on élève dans la maison ne veulent pas quitter le coin du feu, et souvent s'en approchent de si près qu'ils se brûlent les pieds et ne guérissent pas aisément. Le blaireau a toujours le poil gras et malpropre; sa chair n'est point absolument mauvaise à manger, et l'on fait de sa peau des fourrures grossières, des colliers pour les chiens, des couvertures pour les chevaux, etc.

On dit que les blaireaux pris jeunes s'apprivoisent facilement, jouent avec les petits chiens et aiment, comme eux, la personne qu'ils connaissent et qui leur donne à manger; sans être gourmands comme le renard et le loup, ils mangent de tout ce qu'on leur offre : chair, œufs, fromage, beurre, pain, poissons, fruits, racines, etc., etc., et préfèrent la viande crue à tout le reste. Ils dorment toute la nuit et plus de la moitié du jour.

LA LOUTRE

Essentiellement aquatique, cet animal est remarquable par sa tête plate et large, son museau terminé par un mufle, son corps pour ainsi dire écrasé, ses jambes courtes, ses pieds larges et palmés comme ceux d'un canard, sa queue aplatie; son pelage ordinairement d'un brun noirâtre en dessus, d'un gris blanchâtre et fauve en dessous; il atteint à une longueur de 70 centimètres, du museau jusqu'à la queue, qui, elle-même, a quelquefois 30 centimètres.

La loutre, vivant de poissons, ne quitte guère le bord

des rivières et des lacs, et dépeuple quelquefois les étangs. Elle nage mieux que les castors; souvent elle nage entre deux eaux et y reste assez longtemps; elle vient ensuite à la surface pour respirer, car elle n'est pas conformée pour demeurer dans l'élément humide; si même il arrive qu'elle s'engage dans une nasse à la poursuite d'un poisson, on la trouve noyée, et l'on croit qu'elle n'a

pas eu le temps d'en couper tous les osiers pour en sortir. Elle a les dents comme les fouines, mais plus fortes et plus grosses relativement au volume de son corps. A défaut de poissons, de grenouilles, d'écrevisses et de rats d'eau, elle mange l'écorce des saules et l'herbe nouvelle.

Le poil de la loutre ne mue guère; sa peau d'hiver est cependant plus brune et se vend plus cher que celle d'été; elle fait une très bonne fourrure. Sa chair se mange en maigre, et a, en effet, un très mauvais goût de poisson, ou plutôt de marais. Sa retraite est infectée de la mauvaise odeur des débris du poisson qu'elle y laisse pourrir; elle sent elle-même assez mauvais. Les chiens la chassent volontiers, et l'atteignent aisément, lorsqu'elle est éloignée de l'eau.

Cette espèce, sans être en très grand nombre, est généralement répandue en Europe, depuis la Suède jusqu'à Naples, et se retrouve dans l'Amérique septentrionale.

Comme variétés, nous citerons la loutre du Canada, beaucoup plus grande que la nôtre, et la loutre du cap de Bonne-Espérance, beaucoup plus petite.

On apprivoise parfaitement les loutres ; on leur apprend à rapporter à leur maître le poisson qu'elles prennent; en Chine surtout, il y a des compagnies de loutres exercées à la pêche.

LA FOUINE

La fouine a la physionomie très fine, l'œil vif, le saut léger, les membres souples, le corps flexible, tous les mouvements très prestes; elle saute et bondit plutôt qu'elle ne marche; elle grimpe aisément contre les murailles qui ne sont pas bien enduites, entre dans les colombiers, les poulaillers, etc., mange les œufs, les pigeons, les poules, etc., en tue quelquefois un grand nombre et les porte à ses petits; elle prend aussi les souris, les rats, les taupes, les oiseaux dans leurs nids. Elle s'apprivoise à un certain point; mais elle ne s'attache pas, et demeure toujours assez sauvage pour qu'on soit obligé de la tenir enchaînée.

Les fouines s'établissent, pour mettre bas, dans un magasin à foin, dans un trou de muraille, où elles poussent de la paille et des herbes; ces animaux ne vivent que huit ou dix ans. Ils ont une odeur de faux musc, qui n'est pas absolument désagréable; leur chair a un peu de cette odeur; cependant celle de la marte n'est pas mauvaise à manger : celle de la fouine est plus désagréable, et sa peau est moins estimée.

La fouine se trouve dans la plupart des climats tempérés et même des climats chauds; mais elle ne se rencon-

tre pas dans les pays du Nord. Comme rareté, on peut citer les fouines de Madagascar.

LA MARTE OU MARTRE

Cet animal est remarquable par son corps très allongé, ses pieds très courts, armés d'ongles robustes et acérés, propres à percer la terre et à déchirer une proie, son poil mêlé de roux jaunâtre et de noir ; il atteint à peu près à la grosseur d'un chat ordinaire; il est originaire du Nord et ne se trouve que rarement dans les pays tempérés.

La marte fuit également les lieux habités et les lieux découverts; elle demeure au fond des forêts, ne se cache point dans les rochers, mais parcourt les bois et grimpe au-dessus des arbres. Elle vit de chasse et détruit une quantité prodigieuse d'oiseaux, dont elle cherche les nids pour en sucer les œufs; elle prend les écureuils, les mulots, les lérots, etc. ; elle mange aussi le miel, comme la fouine et le putois. On ne la trouve pas en pleine campagne, dans les prairies, dans les champs, dans les vignes; elle ne s'approche jamais des habitations, et elle diffère encore de la fouine par la manière dont elle se fait chasser. Dès que la fouine se sent poursuivie par un chien, elle se soustrait en gagnant promptement son grenier et son trou; la marte, au contraire, se fait suivre assez longtemps par les chiens avant de grimper sur un arbre; elle ne se donne pas la peine de monter au-dessus des bran-

ches, elle se tient sur la tige, et de là les regarde passer. La trace que la marte laisse sur la neige paraît être celle d'une grande bête, parce qu'elle ne va qu'en sautant et qu'elle marque toujours les deux pieds à la fois. Les oiseaux reconnaissent si bien leurs ennemis, qu'ils font pour la marte comme pour le renard, le même petit cri d'avertissement.

LE PUTOIS

Sa puante odeur lui a fait donner le nom qu'il porte; on le distingue des martes proprement dites par son museau plus court et plus gros, par son pelage d'un brun noirâtre assez claire sur le dos, fauve aux flancs, blanc au bout des oreilles et sur le front. Comme la fouine, il s'approche des habitations, monte sur les toits, s'établit dans les greniers à foin, dans les granges et dans les lieux peu fréquentés, d'où il ne sort que la nuit pour chercher sa proie. Il se glisse dans les basses-cours, monte aux volières, aux colombiers, où, sans faire autant de bruit que la fouine, il fait plus de dégâts ; il coupe ou écrase la tête à toutes les volailles, et ensuite il les transporte une à une et en fait magasin ; si, comme il arrive souvent, il ne peut pas les transporter entières, parce que le trou par où il est entré se trouve trop étroit, il leur mange la cervelle et emporte les têtes. Il est aussi fort avide de miel ; il attaque les ruches en hiver et force les abeilles à les abandonner. Il s'établit, pour passer l'été, dans les terriers des lapins, dans les fentes de rochers, dans les troncs d'arbres creux, d'où il ne sort que la nuit. Il cherche les nids de perdrix, de cailles, d'alouettes ; il épie les rats, les lapins, les taupes, les mulots ; il fait une guerre cruelle aux lapins, qui ne peuvent lui échapper, parce qu'il entre aisément dans leurs trous.

LE FURET

Il diffère surtout du putois commun par son pelage d'un blanc jaunâtre et ses yeux roses, son corps plus allongé, sa tête plus étroite et son museau plus pointu ; il est originaire des pays chauds et ne peut subsister en France que comme animal domestique. On ne se sert point du putois, mais du furet pour la chasse du lapin. On l'élève dans des tonneaux ou dans des caisses, où on lui fait un lit d'étoupes. Il dort presque continuellement ; dès qu'il s'éveille, il cherche à manger ; on le nourrit de son, de pain, de lait, etc. Il est naturellement ennemi mortel du lapin ; lorsqu'on en présente un, même mort, à un jeune furet qui n'en a jamais vu, il se jette dessus et le mord avec fureur : s'il est vivant, il le prend par le cou, par le nez et lui suce le sang. Lorsqu'on lâche un furet dans un trou de lapins, on le musèle, afin qu il ne les tue pas dans le fond du terrier et qu'il les oblige seulement à sortir et à se jeter dans le filet dont on couvre l'entrée. Quoique facile à apprivoiser et même assez

doux, il ne laisse pas d'être fort colère ; il a une mauvaise odeur en tout temps qui devient plus forte lors qu'on l'irrite.

LA BELETTE

Un peu plus petite que le rat, la belette est remarquable par son corps effilé, souple, d'un beau fauve en dessus, d'un très beau blanc en dessous ; par son œil vif, son museau pointu et ses pattes courtes. Elle exhale, comme le putois et le furet, une odeur forte et désagréable ; elle habite les contrées méridionales et tempérées de l'Europe. Elle vit de mulots, de petits lapereaux, d'oiseaux et même de crapauds et de couleuvres. Elle marche toujours en silence, ne donnant jamais de voix que lorsqu'on la frappe ; son cri aigre et enroué exprime la colère. A l'état sauvage, elle est cruelle et sanguinaire. Quand elle peut entrer dans un poulailler, elle n'attaque pas les coqs ou les vieilles poules ; elle choisit les poulettes, les petits poussins, les tue par une seule blessure qu'elle leur fait à la tête, et ensuite les emporte tous les uns après les autres ; elle casse aussi les œufs et les suce avec une incroyable avidité.

L'ÉCUREUIL

L'écureuil est remarquable par sa forme gracieuse, sa taille légère, sa queue longue, touffue, disposée en panache et relevée sur le dos, ses oreilles petites et droites : il a les yeux pleins de feu et la physionomie fine ; moins quadrupède que les autres, il se tient ordinairement assis, presque debout, et se sert de ses pieds de devant comme d'une main, pour porter à sa bouche. Au lieu de se cacher sous terre, il est toujours en l'air ; il approche des oiseaux par sa légèreté ; il demeure, comme eux, sur la cime des arbres, parcourt les forêts en sautant de l'un à l'autre, y fait aussi son nid, cueille les graines, boit la rosée et ne descend à terre que lorsque les arbres sont trop agités par la violence des vents. On ne le trouve point dans les champs, dans les lieux découverts, dans les pays de plaine, mais dans les grands bois, les hautes futaies. Il craint l'eau plus encore que la terre, et lorsqu'il faut la passer, il se sert d'une écorce pour vaisseau et de sa queue pour voile et pour gouvernail. Il ne s'engourdit pas comme le loir pendant l'hiver ; il est en tout temps très éveillé. Il ramasse des noisettes pendant l'été, en remplit les troncs, les fentes d'un vieil arbre, et a recours en hiver à sa provision ; il les cherche aussi sous la neige, qu'il détourne en grattant. Il a la voix éclatante et plus perçante encore que celle de la fouine ; il a de plus un murmure à bouche fermée, un petit grognement de mécontentement qu'il fait entendre toutes les fois qu'on l'irrite. Il est trop léger pour marcher ; il va ordinairement par petits sauts, et quelquefois par bonds. Le poil de sa queue sert à faire des pinceaux ; mais sa peau ne fait pas une bonne fourrure.

Il y a beaucoup d'espèces voisines de celle de l'écureuil,

et peu de variétés dans l'espèce même ; il s'en trouve quelques-uns de cendrés, tous les autres sont roux. L'écureuil commun a le dos roux et le ventre blanc.

Il existe aussi un écureuil noir, qui habite les forêts de l'Amérique septentrionale où il vit en troupes nombreuses et fournit à la table des riches un gibier fort estimé.

LE RAT

Le rat commun se distingue par un pelage noirâtre en dessus passant graduellement au foncé en dessous ; son corps atteint à vingt centimètres de long et sa queue dépasse son corps en longueur.

Le rat est assez connu par l'incommodité qu'il nous cause ; il habite ordinairement les greniers où l'on entasse le grain, où l'on serre les fruits, et de là descend et se répand dans la maison. Il est carnassier, et même omnivore ; il semble seulement préférer les choses dures aux plus tendres : il ronge la laine, les étoffes, les meubles, perce le bois, fait des trous dans les murs, se loge dans l'épaisseur des planches, dans les vides de la charpente ou de la boiserie ; il en sort pour chercher sa subsistance, et souvent il y transporte tout ce qu'il peut traîner ; il y fait même quelquefois magasin, surtout lorsqu'il a des petits. Il cherche les lieux chauds, et se niche en hiver auprès des cheminées, ou dans le foin, dans la paille. Malgré les chats, le poison, les pièges, les appâts, ces animaux pullulent si fort, qu'ils causent souvent de grands dommages : c'est surtout dans les vieilles maisons à la campagne, où l'on garde du blé dans les greniers, et où le voisinage des granges et des magasins à foin facilite leur retraite et leur multiplication, qu'ils sont en si grand nombre, qu'on serait obligé de démeubler, de déserter s'ils ne se détruisaient eux-mêmes, entre eux, pour peu que la faim les presse.

Un gros rat est aussi méchant et presque aussi fort qu'un jeune chat ; il a les dents de devant longues et fortes, tandis que le chat mort mal et ne se sert guère que de ses griffes.

On trouve des variétés dans cette espèce, comme dans toutes celles qui sont très nombreuses en individus.

LE LOIR COMMUN

Ce joli petit animal est extrêmement farouche, et ne s'apprivoise jamais. Il a les mêmes habitudes que l'écureuil ; comme lui il n'habite que les forêts, grimpe sur les arbres, saute de branche en branche, se nourrit de châtaignes, de faînes, de noisettes et autres fruits sauvages. Il se loge dans les troncs d'arbres ou les trous de rochers, où il se fait un lit de mousse et de feuilles sèches. Il amasse aussi dans son trou une provision de fruits pour se nourrir l'hiver. Lorsqu'il fait très froid, il reste plongé dans un sommeil léthargique et ne sort de son

engourdissement que lorsque le soleil a suffisamment réchauffé l'atmosphère.

Les petits naissent en été, ordinairement au nombre de cinq, la mère les défend très courageusement contre la belette et les petits oiseaux de proie.

Le *lérot*, plus petit que le *loir*, n'est que trop commun en France, où il fait le désespoir des jardiniers. Il ne se contente pas de manger la quantité de fruits nécessaire à sa nourriture, il en entame un grand nombre avant de se déterminer à en manger un, c'est surtout sur les pêchers qu'il fait le plus de dégâts.

LA SOURIS

Elle appartient au genre rat; son corps est long d'environ cinq ou six centimètres sans compter la queue, aussi longue que le corps; son pelage, d'un gris roussâtre en dessus, passe cendré clair en dessous. On trouve partout la souris en plus grand nombre que le rat : elle est timide par nature, familière par nécessité, la peur ou le besoin font tous ses mouvements; elle ne sort de son trou que pour chercher à vivre ; elle ne s'en écarte guère, y rentre à la première alerte, fait aussi beaucoup moins de dégâts que le rat, a les mœurs plus douces, et s'apprivoise jusqu'à un certain point, mais sans s'attacher. Plus faible, elle a plus d'ennemis, auxquels elle ne peut échapper, ou plutôt se soustraire, que par son agilité, sa petitesse même. Les chouettes, tous les oiseaux de nuit, les chats, les fouines, les belettes, les rats même, lui font la guerre; on l'attire aisément par des appâts, on la détruit à milliers.

Ces petits animaux ne sont pas laids ; ils ont l'air vif et même assez fin.

Il y a des souris toutes blanches avec des yeux rouges; on peut habituer les souris à tourner une petite roue, comme les écureuils; à faire certains tours gymnastiques autour d'un bâton, etc.

LE MULOT

Le mulot, qui a beaucoup de rapport avec la souris, s'en distingue cependant par son corps un peu plus gros, par sa tête proportionnellement plus longue et plus forte, par ses yeux plus grands et plus saillants, ses oreilles plus larges et plus allongées, ses jambes plus longues, son pelage d'un gris fauve coupé d'un ruban brun sur le dos. Il habite les terres sèches, on le trouve en grande quantité dans les bois et dans les champs qui en sont voisins ; il se retire dans les trous faits par d'autres animaux ou qu'il a pratiqués sous les buissons et les troncs d'arbres ; il y amasse une quantité prodigieuse de glands, de noisettes ou de fèves ; on en trouve quelquefois jusqu'à un boisseau, et cette provision, au lieu d'être proportionnée à ses besoins, ne l'est qu'à la capacité du lieu. Il occasionne de très grands dégâts. On l'extermine en l'assommant, ou on l'empoisonne en jetant de la noix vomique dans ses terriers.

Le mulot est très généralement répandu en Europe.

Une personne ayant mis douze petits mulots dans un trou et ayant oublié un jour de leur donner à manger, l'un d'eux servit de pâture aux autres ; le lendemain ils en mangèrent un autre, et enfin, au bout de quelques jours, il n'en resta qu'un seul avec les pattes et la queue mutilées.

LE CAMPAGNOL

Encore plus commun et plus généralement répandu que le mulot, le campagnol se trouve partout, dans les bois, dans les champs, dans les prés, et même dans les jardins. Il est remarquable par la grosseur de sa tête, et aussi par sa queue courte et tronquée ; il n'a guère qu'un pouce de long : il se pratique des trous en terre, où il amasse du grain, des noisettes et du gland ; cependant il paraît qu'il préfère le blé.

Dans le mois de juillet, les campagnols arrivent de tous côtés, et font souvent de grands dommages en coupant les tiges du blé pour en manger l'épi ; ils vont

ensuite dans les terres nouvellement semées, et détruisent d'avance la récolte de l'année suivante.

Dans certaines années, ils paraissent en si grand nombre, qu'ils détruiraient tout s'ils subsistaient longtemps ; mais ils se détruisent eux-mêmes, et se mangent dans les temps de disette : ils servent d'ailleurs de pâture aux mulots, et de gibier ordinaire aux renards, aux chats sauvages, aux martes et aux belettes.

LE CHINCHILLA

Ce charmant animal a trente centimètres de longueur ; il se fait remarquer par la beauté de sa fourrure, si recherchée par nos dames. Elle est composée de poils longs, soyeux, très doux, d'un gris noirâtre ondulé de blanc, ce qui donne au pelage une nuance veloutée de gris, de blanc et de noir ; le ventre et les pattes sont d'un blanc pur et brillant ; les oreilles sont grandes, arrondies,

membraneuses ; sa queue est courte, couverte de longs poils raides, gris et blancs.

Le chinchilla se trouve vers le sommet des plus hautes montagnes du Chili et du Pérou ; son caractère est très doux sans être extrêmement timide ; aussi s'apprivoise-t-il avec la plus grande facilité.

LE COCHON D'INDE

Originaire du Brésil et de la Guyane, le cochon d'Inde est long de vingt-cinq à trente centimètres ; son pelage présente ordinairement les trois couleurs noire, blanche et rousse, disposées sans symétrie par larges plaques ; son nom lui vient de son grognement semblable à celui du cochon ordinaire ; sa peau n'a presque pas de valeur ; sa chair est mangeable et ressemble à celle des lapins domestiques. Il prend de la nourriture à toute heure du jour et de la nuit, et ne boit jamais. Pour lui faire passer l'hiver dans nos climats, il faut le tenir dans un endroit sec et chaud, le froid un peu vif lui est mortel. Malgré sa mauvaise odeur, beaucoup de personnes

l'élèvent ; on lui donne toutes sortes d'herbes, et surtout du persil, du son, de la farine, du pain. Il aime la propreté et enlève, en les léchant, les taches faites sur son corps ou sur celui de ses petits.

LA MUSARAIGNE

Cet animal, assez semblable à la souris sous beaucoup de rapports, en diffère cependant par ses yeux si petits qu'ils sont à peine visibles, par son corps plus allongé, par son museau extrêmement pointu, par ses oreilles larges, sa queue plus ou moins longue et souvent carrée au lieu d'être ronde, par des glandes placées aux côtés de son corps et qui laissent suinter une humeur grasse et odoriférante ; ses poils, doux et soyeux, présentent un mélange de gris brunâtre et blanchâtre. On la trouve assez communément, pendant l'hiver, dans les greniers à foin, dans les caves, dans les granges, dans les trous à fumier ; elle mange du grain, des insectes et des chairs pourries ; dans les bois, elle se couche sous la mousse, sous les troncs d'arbre et quelquefois dans les trous abandonnés par les taupes, ou dans d'autres trous plus petits, qu'elle se pratique elle-même en fouillant avec ses ongles et son museau. Elle a le cri beaucoup plus aigu que la souris, mais elle n'est pas aussi agile à beaucoup

près. On la prend aisément parce qu'elle est presque aveugle.

Elle est connue dans toute l'Europe, et paraît être inconnue en Amérique.

LE DESMAN

Ce petit animal est très remarquable par ses formes et ses habitudes. Il habite la Moscovie et tout le midi de la Russie, où il est très commun dans les étangs, les lacs, les rivières. Les desmans se nourrissent de larves, de vers, et plus particulièrement de sangsues, auxquelles ils font sans cesse la chasse.

Avec leur petite trompe mobile, qu'ils enfoncent dans la vase, ils saisissent fort adroitement leur proie, et, ce qui leur est particulier, ils la dévorent sous l'eau. Très rarement ces animaux nagent à la surface des eaux, et s'ils y paraissent de temps en temps, c'est uniquement pour respirer. Ils ont la singulière faculté de marcher sur le sol au fond de l'eau avec autant d'aisance que les autres animaux sur la terre, et rien n'est plus curieux que de les y voir se promener.

Ils se construisent assez artistement un terrier sur une berge élevée, la femelle y donne le jour à quatre ou cinq petits, qu'elle aime avec tendresse et qu'elle allaite avec

beaucoup de soin; elle ne les conduit à l'eau avec elle que lorsqu'ils sont déjà très forts.

LA TAUPE

Elle est remarquable par son corps trapu, long de douze à quinze centimètres et comme cylindrique, couvert d'un poil court, peu doux au toucher, épais et soyeux. Sa tête allongée est soutenue entièrement par un os particulier qui lui donne beaucoup de force; ses yeux sont si petits que l'on a cru pendant longtemps qu'elle en était privée ; ses pieds de devant ont la forme de mains larges, nerveuses, presque semblables à celles de l'homme et sont armées d'ongles très forts. L'endroit où elle dépose ses petits mérite une description particulière. Il est fait avec une grande intelligence. Elle commence par pousser, par élever la terre, et former une voûte assez haute ; elle laisse des cloisons, des espèces de piliers de distance en distance ; elle presse, elle bat la terre, la mêle avec

des racines et des herbes, et la rend si solide et si dure par-dessous, que l'eau ne peut pas pénétrer la voûte à cause de sa convexité et de sa solidité ; elle élève ensuite un tertre par-dessous, au sommet duquel elle apporte de l'herbe et des feuilles pour faire un lit à ses petits.

Dans cette situation, ils se trouvent au-dessus du niveau du terrain, et par conséquent, à l'abri des inondations ordinaires et en même temps à couvert de la pluie par la voûte qui recouvre le tertre sur lequel ils reposent.

Ce tertre est percé tout autour de plusieurs trous en pente, qui descendent plus bas, et s'étendent de tous côtés comme autant de routes souterraines par où la mère taupe peut sortir et aller chercher la subsistance nécessaire à ses petits; ces sentiers souterrains sont fermes et battus, ils s'étendent à douze ou quinze pas, et partent tous du domicile comme des rayons d'un centre : on y trouve, aussi bien que sous la voûte, des débris d'oignons de colchique, qui sont apparemment la première nourriture qu'elle donne à ses petits. On voit par cette disposition qu'elle ne s'éloigne jamais à une grande distance de son domicile et que la manière la plus simple de la prendre avec ses petits est de faire une tranchée qui l'environne en entier et qui lui coupe toutes les communications.

LE HÉRISSON

On reconnaît le hérisson à son corps couvert d'épines en dessus et de poils en dessous, à sa queue courte, à ses quatre pieds terminés par cinq doigts armés d'ongles, et par ses oreilles arrondies; il atteint à deux ou trois décimètres de longueur, il habite les bois, et ne sort guère que pendant l'obscurité pour prendre de petits vermisseaux et des fruits. Il sait se défendre sans combattre, et blesser sans attaquer; n'ayant que peu de force et nulle agilité pour fuir, il a reçu de la nature une armure épineuse avec la facilité de se resserrer en boule et de présenter de tous côtés des armes défensives piquantes, et qui rebutent ses ennemis; plus ils le tourmentent, plus il se hérisse et se resserre; il se défend même par l'effet de la peur; il lâche son urine, dont l'odeur et l'humidité, se répandant sur tout son corps, achèvent de les dégoûter; aussi la plupart des chiens se contentent de l'aboyer, et ne se soucient pas de le saisir; le renard, plus avisé, en vient à bout en l'attaquant par le ventre et par le museau.

La mère hérisson ne montre pas toujours beaucoup de tendresse pour ses petits; car quelquefois elle les dévore tout vivants. D'un caractère timide, le hérisson aime la vie solitaire et tranquille; aussi approche-t-il rarement de nos habitations. S'il y est apporté, il y vit et paraît s'accoutumer assez bien aux habitudes domestiques ; mais il ne s'attache à personne, et, tout en cessant d'être farouche, il ne s'apprivoise jamais, et ne manque aucune occasion de reconquérir sa liberté. Dans les jardins il est

souvent utile, il vit de fruits tombés, et détruit une grande quantité d'insectes nuisibles, scarabées, grillons, vers, etc. Sa seule occupation est de manger et de dormir. Sa chair est fade et détestable ; sa peau servait autrefois de frottoir pour le chanvre.

LA MARMOTTE

A peu près de la taille d'un lapin ordinaire, la marmotte est remarquable par sa grosse tête aux mâchoires garnies de vingt-deux dents, ses petites oreilles, son corps trapu, ses membres excessivement courts, armés d'ongles forts et tranchants, ses formes lourdes, sa queue médiocre. Elle tient un peu de l'ours, du rat et du lièvre ; son pelage présente un mélange de roux et de brun. Elle a la voix et le murmure d'un petit chien quand on la caresse ; mais lorsqu'on l'irrite ou qu'on l'effraie, elle fait entendre un sifflet si perçant et si aigu, qu'il blesse le tympan. Elle aime la propreté, mais elle a, comme le rat, surtout en été, une odeur forte et désagréable, ce qui fait qu'elle n'est pas bonne à manger. Elle reste plongée pendant tout l'hiver dans une complète léthargie, en automne elle est très grasse.

La marmotte, prise jeune, s'apprivoise plus qu'aucun animal sauvage, et presque autant que nos animaux do-

mestiques ; elle apprend aisément à saisir un bâton, à gesticuler, à danser, à obéir en tout à la voix de son maître. Elle est, comme le chat, antipathique avec le chien ; lorsqu'elle commence à être familière dans la maison, et qu'elle se croit appuyée par son maître, elle attaque et mord en sa présence les chiens les plus redoutables. Si l'on n'y prend pas garde, elle ronge les meubles, les étoffes, et perce même le bois lorsqu'elle est enfermée. Elle porte à sa gueule ce qu'elle saisit avec ses pieds de devant et mange debout comme l'écureuil ; elle court assez vite en montant, mais assez lentement en plaine ; elle grimpe sur les arbres ; elle monte entre deux parois de rochers, entre deux murailles voisines ; c'est des marmottes, dit-on, que les Savoyards ont appris à grimper pour ramoner les cheminées. Quoique moins portées que le chat à dérober, elles cherchent à entrer dans les endroits où l'on renferme le lait et le boivent en grande quantité en marmottant, c'est-à-dire en faisant comme le chat un murmure de contentement. Le lait est la seule liqueur qui leur plaise.

La retraite où, à l'état sauvage, elles passent leur hiver est faite avec précaution et meublée avec art ; elle peut contenir une ou plusieurs marmottes, sans que l'air s'y corrompe. Leurs pieds et leurs ongles paraissent faits pour fouiller la terre, et elles la creusent en effet avec une merveilleuse célérité ; elles jettent au dehors, derrière elles, les déblais de leur excavation ; ce n'est pas un trou, c'est une espèce de galerie en forme d'Y, dont les deux branches ont chacune une ouverture et aboutissent toutes deux à un cul-de-sac, qui est le lieu de séjour.

Il est non seulement jonché, mais tapissé fort épais de foin et de mousse ; elles en font ample provision pendant l'été. Elles passent les trois quarts de leur vie dans leur habitation ; elles s'y retirent pendant l'orage, pendant la pluie ou dès qu'il y a quelque danger ; elles n'en sortent même que dans les plus beaux jours, et ne s'en éloignent guère ; l'une fait le guet, assise sur une roche élevée, tandis que les autres s'amusent à jouer sur le gazon, ou s'occupent à le couper pour en faire du foin ; et lorsque celle qui fait sentinelle aperçoit un homme, un aigle, un chien, elle en avertit les autres par un coup de sifflet et ne rentre elle-même que la dernière.

Dès que la saison du froid commence à se faire sentir, les marmottes, retirées dans leur terriers, en bouchent les deux ouvertures avec de la terre gâchée, et si bien maçonnée, qu'il est plus facile d'ouvrir le sol partout ailleurs que dans l'endroit qu'elles ont muré. Elles se blottissent dans le foin et la mousse qu'elles y ont entassés à cet effet, et tombent dans un état de léthargie d'autant plus profond que le froid a plus d'intensité. Elles restent dans cet état de mort apparente jusqu'au printemps prochain, c'est-à-dire depuis le commencement de décembre jusqu'à la fin d'avril, et quelquefois depuis octobre jusqu'en mai, selon que l'hiver a été plus ou moins long.

On trouve des marmottes particulièrement dans les Alpes et dans les Pyrénées.

L'OURS

Il est remarquable par sa grande taille, ses membres épais, ses formes trapues, sa tête assez forte, au front convexe, au museau pointu, aux oreilles mobiles, quoique courtes ; aux yeux petits, mais vifs ; par ses pieds à la plante nue, aux cinq doigts armés d'ongles puissants de longueur variable ; par son pelage épais, touffu, composé de poils longs, brillants et d'une seule couleur.

On trouve dans les Alpes l'ours brun assez communément, et rarement l'ours noir, qui se trouve, au contraire, en grand nombre dans les forêts des pays septentrionaux de l'Europe et de l'Amérique. Le brun est féroce et carnassier, le noir n'est que farouche, et refuse de manger de la chair.

Les ours noirs n'habitent guère que les pays froids ; mais on trouve des ours bruns ou roux dans les climats froids et tempérés, et même dans des régions du Midi. L'ours est non seulement sauvage, mais solitaire ; il fuit par instinct toute société ; il s'éloigne des lieux où les hommes ont accès ; il ne se trouve à son aise que dans les endroits qui appartiennent encore à la vieille nature ; il s'y rend seul, y passe une partie de l'hiver sans provisions, sans en sortir pendant plusieurs semaines. Cependant il n'est point engourdi ni privé de sentiment, comme le loir ou la marmotte ; mais comme il est naturellement gras, cette abondance de graisse lui fait supporter l'abstinence.

La voix de l'ours est un grondement, un gros murmure, souvent mêlé d'un frémissement de dents qu'il fait surtout entendre lorsqu'on l'irrite : il est très susceptible de colère, et sa colère tient toujours de la fureur et souvent du caprice, quoiqu'il paraisse doux pour son maître et même obéissant lorsqu'il est apprivoisé.

On chasse et on prend les ours de plusieurs façons en

Suède, en Norvège, en Pologne, etc. La manière, dit-on, la moins dangereuse de les prendre est de les enivrer en jetant de l'eau-de-vie sur le miel, qu'ils aiment beaucoup et qu'ils cherchent dans les troncs d'arbres.

La peau est, de toutes les fourrures grossières, celle qui a le plus de prix, et la quantité d'huile que l'on tire du corps d'un seul ours est considérable.

L'ours a les sens de l'ouïe, du toucher et de la vue

très bons, quoiqu'il ait l'œil très petit relativement au volume de son corps. Il a l'odorat meilleur et peut-être plus exquis qu'aucun autre animal. Il vit de trente à quarante ans ; il atteint à un mètre et demi de hauteur environ.

L'ours blanc a le pelage d'un blanc jaunâtre, la tête longue et aplatie ; il atteint jusqu'à deux mètres de longueur.

Habitant les régions polaires, il se trouve souvent sur les glaçons, à l'affût des poissons, sur lesquels il s'élance en plongeant. Il arrive fréquemment que les courants ou le vent éloignent ces glaçons des côtes où ils se sont formés : l'ours voyage alors avec eux et prend terre là où le glaçon aborde, soit dans le Grœnland, soit dans la Nouvelle-Zemble, soit au Spitzberg.

Sa proie la plus ordinaire sont les phoques, qui n'ont pas la force de lui résister ; mais les morses, auxquels il enlève quelquefois leurs petits, le percent de leurs défenses et le mettent en fuite. Il en est de même des baleines, elles l'assomment par leur masse et le chassent des lieux qu'elles habitent, où néanmoins il prend et dévore souvent leurs jeunes baleineaux. Tous les ours ont naturellement beaucoup de graisse, et celui-ci, qui ne vit que d'animaux chargés d'huile, en a plus que les autres ; cette graisse ressemble beaucoup à celle de la baleine. Sa peau fait une fourrure chaude et excellente, et sa chair passe pour n'être point mauvaise à manger.

Les ours blancs passent une grande partie de leur vie endormis dans la neige, ou sous des monceaux de glace.

On apprend à l'ours commun à faire toutes sortes de tours, par exemple à danser au son du fifre ou du tambourin, à marcher en cadence, à pas comptés, à imiter grossièrement les gestes d'une personne en colère, etc. Il s'accoutume à vivre avec les chats, les chiens, les moutons eux-mêmes ; mais il est vindicatif, et malheur à ceux qui lui ont infligé des corrections injustes, il ne s'en souvient que trop pour s'en venger, si l'occasion s'en présente.

LE CASTOR

Cet animal industrieux est remarquable par ses formes lourdes et ramassées, par son pelage bien fourni et d'un roux marron ; par la membrane qui unit les doigts de ses pieds de derrière ; par sa grande queue ovale, aplatie horizontalement, couverte d'écailles, qui lui sert à la fois de gouvernail pour nager et de truelle pour maçonner.

Son corps a environ un mètre de long sur trente centimètres de haut. Il relie les quadrupèdes aux poissons, comme la chauve-souris les quadrupèdes aux oiseaux.

C'est surtout dans les vastes déserts de l'Amérique septentrionale que les castors peuvent encore, malgré la chasse qu'on leur fait, se réunir en grandes sociétés et établir leurs merveilleuses constructions.

Vers le mois de juin, ils arrivent au nombre de deux ou trois cents, et s'arrêtent au bord des eaux. Si ce sont des eaux plates, et qui se soutiennent à la même hauteur comme dans un lac, ils se dispensent d'y construire une digue ; mais dans les eaux courantes, et qui sont sujettes à hausser ou baisser, ils établissent une chaussée, et, par cette retenue, ils forment une espèce d'étang ou de pièce d'eau qui se soutient toujours à la même hauteur. La chaussée traverse la rivière comme une écluse, et va d'un bord à l'autre ; elle a souvent vingt ou vingt-cinq mètres de longueur sur trois ou quatre mètres d'épaisseur à sa base. L'endroit de la rivière où ils établissent cette digue est ordinairement peu profond ; s'il se trouve sur le bord un gros arbre qui puisse tomber dans l'eau, ils commencent par l'abattre pour en faire la pièce principale de leur construction. Cet arbre est souvent plus gros que le corps d'un homme ; ils le scient, ils le rongent au pied, et, sans autre instrument que leurs quatre dents incisives, ils le coupent en assez peu de temps, et le font tomber du côté qu'il leur plaît, c'est-à-dire en travers sur la rivière; ensuite ils coupent les branches de la cime de cet arbre tombé, pour le mettre de niveau et le faire porter partout également. Ces opérations se font en com-

mun : plusieurs castors rongent ensemble le pied de l'arbre pour l'abattre ; plusieurs aussi vont ensemble en couper les branches lorsqu'il est abattu ; ils les dépècent et les scient à une certaine hauteur pour en faire des pieux : ils amènent ces pièces de bois, d'abord par terre jusqu'au bord de la rivière ; et ensuite par eau jusqu'au lieu de leur construction ; ils en font une espèce de pilotis serré qu'ils renforcent encore en entrelaçant des branches entre les pieux. Les uns, avec les dents, élèvent le gros bout contre le bord de la rivière, ou contre l'arbre qui la traverse ; d'autres plongent en même temps jusqu'au fond de l'eau pour y creuser avec les pieds de devant un trou, dans lequel ils font entrer la pointe du pieu, afin qu'il puisse se tenir debout. A mesure que ceux-là plantent ainsi leurs pieux, ceux-ci vont chercher de la terre, qu'ils gâchent avec leurs pieds et battent avec leur queue ; ils la portent dans leur gueule, et, avec les pieds de devant, ils en transportent une si grande quantité qu'ils en remplissent tous les intervalles de leur pilotis. Ce pilotis est composé de plusieurs rangs de pieux, tous égaux en hauteur, et tous plantés les uns contre les autres : il s'étend d'un bord à l'autre de la rivière, il a non seulement toute l'étendue, toute la solidité nécessaire, mais encore la forme la plus convenable pour retenir l'eau, l'empêcher de passer, en soutenir le poids et en rompre les efforts.

Leurs habitations sont des cabanes ou plutôt des espèces de maisonnettes bâties dans l'eau sur un pilotis plein, tout près du bord de leur étang, avec deux issues, l'une pour aller à terre, l'autre pour se jeter à l'eau. La forme de cet édifice est presque toujours ovale ou ronde. Il y en a de plus grands et de plus petits, il s'en trouve aussi quelquefois qui sont à deux ou trois étages ; l'édifice est maçonné avec solidité, et enduit avec propreté en dehors et en dedans ; il est impénétrable à l'eau des pluies, et résiste aux vents les plus impétueux ; les parois en sont revêtues d'une espèce de stuc si bien gâché et si proprement appliqué, qu'il semble que la main de l'homme y ait passé ; aussi leur queue leur sert-elle de truelle pour appliquer ce mortier qu'ils gâchent avec leurs pieds. Cette queue, longue de trente-cinq centimètres, est une vraie portion de poisson attachée au corps d'un quadrupède; elle est entièrement recouverte d'écailles et d'une peau toute semblable à celle des gros poissons. C'est dans l'eau et près de leurs habitations qu'ils établissent leur magasin : chaque cabane a le sien, proportionné au nombre de ses habitants, qui y ont tous un droit commun. On a vu des bourgades composées de vingt ou de vingt-cinq cabanes : quelques-unes contiennent jusqu'à trente castors. Quelque nombreuse que soit cette société, la paix s'y maintient sans altération.

C'est principalement en hiver que les chasseurs les cherchent, parce que leur fourrure n'est parfaitement bonne que dans cette saison; et lorsque, après avoir ruiné leurs établissements, il arrive qu'ils en prennent un grand nombre, la société trop détruite ne se rétablit point; le petit nombre de ceux qui ont échappé à la mort ou à la captivité se disperse; ils deviennent fuyards: leur génie, flétri par la crainte, ne s'épanouit plus; ils s'enfouissent, eux et tous leurs talents, dans un terrier.

Les castors habitent de préférence près des eaux douces; cependant il s'en trouve au bord de la mer. La fourrure du castor est encore plus belle et plus fournie que celle de la loutre.

La chair du castor, quoique grasse et délicate, a toujours un goût amer assez désagréable. Ses dents sont très dures et si tranchantes qu'elles servent de couteaux aux sauvages, pour couper, creuser et polir les bois. Ces sauvages s'habillent de peaux de castors, et les portent en hiver le poil contre la chair.

LE RATON-LAVEUR

Il est d'un gris brun; il a le museau blanc, avec un trait brun qui lui traverse les yeux et descend sur les joues en se portant en arrière; sa queue est annelée de brun et de blanc; il est à peu près de la grandeur d'un renard.

Le poil de cet animal est long, doux, touffu; ses yeux sont pleins de finesse et de vivacité, et ses mouvements prompts et gracieux; ses ongles, pointus comme des épingles, lui donnent une grande facilité pour monter sur les arbres.

Il se nourrit de rats d'eau, de reptiles, de poissons,

mais surtout d'œufs ou d'oiseaux dont il s'empare avec beaucoup d'adresse.

Son nom lui vient de ce qu'il a l'habitude de tremper dans l'eau tout ce qu'il veut manger.

Buffon raconte que la ménagerie possédant un raton, il s'amusait à ses dépens, en lui donnant un morceau de sucre. Aussitôt il le portait dans sa terrine d'eau pour le délayer, et rien n'était plus comique que ses démonstrations d'étonnement lorsque, le sucre étant fondu, il ne retrouvait plus rien dans le vase. Le raton-laveur habite l'Amérique septentrionale.

LE COATI

Le coati ressemble beaucoup aux ratons, dont il diffère cependant par la longueur de son nez, espèce de boutoir qui dépasse de plus de huit centimètres la mâchoire supérieure; ce nez est très mobile et lui sert à fouir. Son corps est long; son pelage soyeux et très épais,

excepté sur la tête; des ongles robustes arment les cinq doigts de chacune de ses pattes, et lui permettent de grimper avec beaucoup de facilité sur tous les arbres; il est de la grosseur d'un chat : il vit en petites troupes dans l'Amérique du Sud.

Le coati est sujet à manger sa queue comme les singes, les makis et quelques autres animaux. Il se fait une tanière comme les renards; sa chair a un mauvais goût de venaison; sa peau donne une assez belle fourrure. Il s'apprivoise aisément et s'attache à son maître. Il vit d'insectes, de vers, d'oiseaux et d'œufs. Sa voix est un petit grognement assez aigre.

L'AGOUTI

Cet animal a la taille, les mœurs et les habitudes du lièvre et du lapin, ce qui l'a fait prendre par certains auteurs pour une sorte de lièvre; il se rapproche aussi du cochon d'Inde, par son corps plus volumineux à la partie postérieure; par la forme aplatie de sa tête, par

ses oreilles courtes, mais arrondies, etc. Son poil lisse et brillant, d'un fauve orange, foncé de noir avec des nuances verdâtres, est ras sur les membres et plus long sur le dos et sur la croupe. Il vit de fruits, de feuilles, de mousse, de racines, d'arbrisseaux, etc.; il fait des provisions comme l'écureuil. Il reste, en général, dans son trou pendant la nuit, mais il voyage pendant le jour. Il court très vite en plaine et en montant; sa chair n'est pas mauvaise; on le chasse avec des chiens. Pris jeune, il s'apprivoise aisément.

C'est un animal particulier à l'Amérique et à l'Océanie.

LE LION

Le lion atteint, dans tout son développement, jusqu'à deux mètres de longueur du museau à l'origine de la queue, et environ un mètre trente centimètres de hauteur. La lionne est dans toutes ses dimensions d'environ un quart plus petite que le lion.

Le lion a la figure imposante, le regard assuré, la démarche fière, la voix terrible ; sa taille est si bien prise et si bien proportionnée, que son corps paraît être le modèle de la force jointe à l'agilité. Cette grande force musculaire se marque au dehors par les sauts et les bonds prodigieux que le lion fait aisément ; par le mouvement brusque de sa queue, qui est assez fort pour terrasser un homme ; par la facilité avec laquelle il fait mouvoir la peau de sa face, et surtout celle de son front, ce qui ajoute beaucoup à sa physionomie ou plutôt à l'expression de sa fureur ; et enfin par la faculté qu'il a de remuer sa crinière, laquelle non seulement se hérisse, mais se meut et s'agite en tous sens lorsqu'il est en colère.

L'espèce du lion est une des plus nobles, puisqu'elle est unique et qu'on ne peut la confondre avec celles du tigre, du léopard, de l'once, etc.

Quoique ce noble animal ne se trouve que dans les climats les plus chauds, il peut cependant subsister et vivre assez longtemps dans les pays tempérés.

Dans ces animaux, toutes les passions, même les plus douces, sont excessives, et l'amour maternel est extrême. La lionne, naturellement moins forte, moins courageuse et plus tranquille que le lion, devient terrible dès qu'elle a des petits : elle se jette indifféremment sur les hommes et sur les animaux qu'elle rencontre, et les met à mort, se charge ensuite de sa proie, la porte et la partage à ses lionceaux, auxquels elle apprend de bonne heure à sucer le sang et à déchirer la chair.

Le lion, lorsqu'il a faim, attaque de face tous les animaux qui se présentent. On prétend qu'il supporte longtemps la faim; il supporte moins patiemment la soif. Il prend l'eau en lapant comme un chien. Il lui faut environ quinze livres de chair crue chaque jour; il préfère la chair des animaux vivants, de ceux surtout qu'il vient d'égorger; il ne se jette pas volontiers sur des cadavres infects.

Le rugissement du lion est si fort, que, quand il se fait entendre par échos la nuit dans les déserts, il ressem-

ble au bruit du tonnerre. Il rugit cinq ou six fois par jour, et souvent lorsqu'il doit tomber de la pluie.

Le cri qu'il fait lorsqu'il est en colère est encore plus terrible que le rugissement. Il voit la nuit comme les chats : il ne dort pas longtemps et s'éveille aisément; mais c'est mal à propos que l'on a prétendu qu'il dormait les yeux ouverts. L'éléphant, le rhinocéros, le tigre et l'hippopotame sont les seuls animaux qui peuvent lui résister.

La chair du lion est d'un goût désagréable et fort; cependant les nègres ne la trouvent pas mauvaise.

Le lion s'apprivoise assez facilement et reçoit une sorte d'éducation; l'histoire ancienne fait mention de lions attelés à des chars de triomphe, menés à la chasse, à la guerre, et servant fidèlement leurs maîtres.

LE TIGRE, LE JAGUAR ET LE COUGUAR

A peu près de la même taille que le lion, mais plus mince et plus bas sur jambes, le tigre a la tête plus petite et arrondie, la queue très longue, et marquée de quinze anneaux noirs; son pelage assez ras, à l'exception des côtes et des jambes garnies de grands poils, présente des couleurs d'un jaune fauve sur les parties supérieures du corps, d'un beau blanc au museau, au-dessous du cou, à la poitrine et au ventre; des bandes noires transversales, au nombre de vingt à trente, partent de la ligne du dos et s'étendent parallèlement sur les yeux. La tigresse ne diffère pas du mâle extérieurement, et l'une et l'autre ressemblent bien plus que le lion à notre chat domestique; leur taille moyenne est d'un mètre cinquante de long, depuis le museau jusqu'à la queue, et leur hauteur est de soixante-dix centimètres. On le trouve surtout en Asie, aux Indes orientales, dans la presqu'île du Gange, au Tonkin, dans le royaume de Siam, dans la Cochinchine, dans les îles de la Sonde et de Sumatra. Sa peau fournit une des fourrures les plus belles et les plus estimées; la peau du tigre est l'insigne des mandarins.

Le tigre, trop long de corps, trop bas sur jambes, la tête nue, les yeux hagards, la langue couleur du sang, toujours hors de la gueule, n'a que les caractères de la basse méchanceté et de l'insatiable cruauté; il n'a pour tout instinct qu'une rage constante, une fureur aveugle, qui ne connaît, qui ne distingue rien, et qui lui fait souvent dévorer ses propres enfants, et déchirer leur mère lorsqu'elle veut les défendre.

Heureusement pour le reste de la nature, l'espèce n'en est pas nombreuse, et paraît confinée aux climats les plus chauds de l'Inde orientale.

Quand il a mis à mort quelques gros animaux, comme un cheval, un buffle, il ne les éventre pas sur la place, s'il craint d'y être inquiété ; pour les dépecer à son aise, il les emporte dans les bois, en les traînant avec tant de légèreté que la vitesse de sa course paraît à peine ralentie par la masse énorme qu'il entraîne.

Le tigre est peut-être le seul de tous les animaux dont on ne puisse flétrir le naturel : ni la force, ni la con-

trainte, ni la violence, ne peuvent le dompter. Il s'irrite des bons comme des mauvais traitements; la douce habitude, qui peut tout, ne peut rien sur cette nature de fer; le temps, loin de l'amollir en tempérant ses humeurs féroces, ne fait qu'aigrir le fiel de sa rage ; il déchire la main qui le nourrit comme celle qui le frappe; il rugit à la vue de tout être vivant; chaque objet lui paraît une nouvelle proie qu'il dévore d'avance de ses regards avides.

Le *jaguar*, ou tigre d'Amérique, peut atteindre jusqu'à deux mètres de long; il est surtout fort dangereux aux environs de Buenos-Ayres; il attaque l'homme. Son cri ressemble à un son flûté ou à un râlement d'abord sourd, puis éclatant. Il chasse les loutres et les pacas, et pêche même le poisson, qu'il enlève très adroitement avec sa patte ; il se jette sur les plus gros caïmans, et pour leur faire lâcher prise, s'il est saisi par eux, il leur crève les yeux. Malgré sa grande taille, il grimpe aux arbres avec une extrême agilité et attrape les singes. La nuit, il se montre bien plus audacieux que le jour ; il emportera un cheval et même un bœuf ; il enlèvera un homme de devant le feu du bivouac pour le dévorer dans la forêt.

Son plus cruel ennemi est le fourmilier ou tamanoir. Quoique celui-ci n'ait pas de dents pour se défendre, dès qu'il est attaqué par un jaguar, il se couche sur le dos, le saisit avec ses griffes, qu'il a d'une grandeur prodigieuse, l'étouffe et le déchire.

La fourrure est très belle et très estimée ; elle forme une branche importante du commerce entre l'Amérique et l'Europe.

Le *couguar*, plus petit que le jaguar, est appelé aussi *lion des Péruviens*. Il est caractérisé par son pelage d'un fauve uniforme, il est plus effilé et plus haut sur jambes que le jaguar. Quoique plus faible, il se montre plus féroce et aussi cruel ; il mange sa proie à moitié vivante, la dépèce, la suce, et ne la quitte que quand il en est tout gorgé; il attaque les animaux faibles et sans défense : les moutons, les chèvres, les génisses; mais il fuit l'homme. Le voyageur qui s'arrête dans les forêts pour y passer la nuit n'a qu'à allumer du feu pour l'empêcher

d'approcher. On compare sa chair à celle du veau et du mouton; certains auteurs prétendent, avec plus de raison, que ce qu'il y a de meilleur dans cet animal, c'est sa peau, qui sert à faire des harnachements pour les chevaux.

LA PANTHÈRE

Plus belle que le tigre, la panthère offre beaucoup de ressemblance avec le léopard, dont nous parlerons ci-après. Elle est remarquable par son pelage bien fourni, fauve en dessus, blanc en dessous, et marqué sur chaque flanc de six ou sept rangées de taches noires formées chacune par la réunion de cinq ou six taches simples; sa queue atteint la longueur de la tête et du corps réunis. La panthère ne dépasse guère un mètre quarante à un mètre cinquante de longueur. Elle est commune en Afrique et dans les parties chaudes de l'Asie; elle n'habite que les forêts, et monte sur les arbres avec la plus grande agilité pour poursuivre les singes et autres animaux grimpeurs dont elle fait sa proie; faute d'animaux vivants, elle se nourrit de cadavres qu'elle déterre, ou de matière animale putréfiée.

La panthère a toujours le regard féroce et inquiet, les

mouvement vifs, et le cri semblable à celui d'un chien furieux : elle n'attaque pas l'homme, mais, à la moindre provocation de sa part, elle s'élance sur lui et le met en morceaux avant même qu'il ait pu songer à se défendre.

La panthère de Java est entièrement noire.

LE LÉOPARD

Le léopard ressemble beaucoup à la panthère par ses mœurs et ses habitudes ; cependant il est caractérisé par son pelage jaune sur le dos, blanc sous le ventre, et partout couvert de taches noires groupées circulairement, plus rapprochées et plus petites que chez la panthère. Il atteint en longueur à un mètre ou à un mètre cinquante, et en hauteur à soixante et quatre-vingts centimètres. On le trouve dans l'Inde, en Afrique, et surtout dans la Guinée et au Sénégal. Sa fourrure, une des plus estimées, s'emploie ordinairement pour le harnachement des chevaux de luxe; les négresses se font des colliers avec ses dents.

Le léopard ne s'apprivoise pas.

On raconte que deux léopards, mâle et femelle, avec trois petits, entrèrent un jour dans un parc de brebis, au cap de Bonne-Espérance. Les premiers y étranglèrent

près de cent moutons, et s'enivrèrent de leur sang. Lorsque la soif du carnage fut chez eux apaisée, ils dépecèrent le corps d'un mouton en trois parties, qu'ils distribuèrent à leurs petits; le père et la mère se chargèrent chacun d'une brebis et se retirèrent. Les gens du pays, les ayant observés, leur tendirent des pièges à leur retour, et tuèrent la femelle avec trois petits. Leur chair, blanche et nourrissante, fut donnée à des Hottentots, qui la trouvèrent excellente.

Le léopard grimpe facilement sur les arbres pour atteindre des chats sauvages; il n'attaque que fort rarement les hommes, même quand ils le provoquent; mais il se défend avec acharnement.

Il y a une variété de léopard à robe d'un bai très foncé et d'un marron pur, distribués par nuances plus ou moins sombres et noirâtres, avec les taches plus marquées au dos et à la queue.

LE GUÉPARD OU LÉOPARD A CRINIÈRE

Cet animal est de la taille de la panthère, mais avec la tête plus petite et le corps élancé ; sa peau d'un blanc jaunâtre présente des taches noires rondes d'environ huit centimètres de diamètre ; des ongles aigus et forts arment ses longs doigts, avec lesquels il ne peut pas,

comme le chat, faire patte de velours ; il habite l'Asie et l'Afrique.

Le guépard s'apprivoise facilement et se laisse dresser pour la chasse de la gazelle. C'est un usage très répandu dans l'Inde.

Il y a des guépards qui se montrent aussi dociles, aussi caressants pour leurs maîtres que les chiens les plus fidèles ; mais il faut prendre garde de leur infliger des punitions injustement, car alors leur naturel sauvage revient, et ils se vengent sans pitié On raconte qu'un guépard enfermé dans un des parcs du Jardin des Plantes de Paris, ayant reconnu parmi les curieux et les promeneurs un jeune nègre qui était venu du Sénégal sur le même vaisseau que lui, lui fit toutes sortes de caresses empressées et témoigna, par ses bonds joyeux, son contentement de le revoir.

LE LYNX OU LOUP-CERVIER

Le lynx ou loup-cervier a pour caractères les oreilles larges et longues terminées par un pinceau de poils plus ou moins épais, une fourrure longue et touffue, et une queue généralement courte ; son pelage d'un roux clair sur le dos, avec des mouchetures d'un brun noirâtre et

blanchâtre autour de l'œil, à la gorge, en dessous du corps, avec quatre lignes noires sur le cou, des bandes mouchetées obliques sur l'épaule, transversales sur les jambes.

Notre lynx ou loup-cervier a les yeux brillants, le regard doux, l'air agréable et gai ; il n'a rien du loup qu'une espèce de hurlement qui, se faisant entendre de loin, a dû tromper les chasseurs : ceux-ci l'auront appelé *loup-cervier* parce qu'il attaque les cerfs. Le lynx est communément de la grandeur d'un renard ; il marche et saute comme un chat ; il vit de chasse et poursuit son gibier jusqu'à la cime des arbres : les martes, les hermines, les écureuils, ne peuvent lui échapper ; il saisit aussi les oiseaux, il attend les cerfs, les chevreuils, les lièvres au passage, et s'élance dessus ; il les prend à la gorge, et en suce le sang. Son poil change de couleur suivant les climats et la saison ; les fourrures d'hiver sont plus belles, meilleures et plus fournies que celles de l'été. Sa chair, comme celle de tous les animaux de proie, n'est pas bonne à manger.

Le lynx est très commun dans les forêts du nord de l'Europe et dans la Sibérie.

LE CHACAL ET L'ADIVE

Plus grand, plus féroce, plus difficile à apprivoiser que l'adive, le chacal lui ressemble sous tous les autres rapports. Il se pourrait donc que l'adive ne fût que le chacal

privé, dont on aurait fait une race domestique plus petite, plus faible et plus douce que la race sauvage.

Quoique l'espèce du loup soit voisine de celle du chien,

celle du chacal ne laisse pas trouver place entre les deux. Avec la férocité du loup, il a en effet un peu de la familiarité du chien ; sa voix est un hurlement mêlé d'aboiement et de gémissement. Il est plus criard que le chien, plus vorace que le loup ; il ne va jamais seul, mais toujours par troupes de vingt, trente ou quarante ; il vit de petits animaux et se fait redouter des plus puissants par le nombre ; il attaque toute espèce de bétail ou de volaille presque à la vue des hommes ; il entre insolemment et sans marquer de crainte, dans les bergeries, les écuries, et lorsqu'il n'y trouve pas autre chose, il dévore le cuir des harnais, des bottes, des souliers, et emporte les lanières qu'il n'a pas le temps d'avaler. Faute de proie vivante, il déterre les cadavres des animaux et des hommes.

On le trouve en Afrique, aux Indes et dans l'Asie Mineure.

Les couleurs de l'adive sont ordinairement le fauve, le gris et le blanc mélangés.

Le chacal exhale une odeur forte et désagréable. Quelques naturalistes ont regardé cet animal comme le type de notre chien domestique.

LE SERVAL

Un peu plus gros que le chat sauvage, le serval ressemble à la panthère par son pelage d'un fauve très clair en dessus, blanc en dessous avec de petites taches rondes et pleines distribuées irrégulièrement. Sa queue présente de petits anneaux de couleur et est noire à l'extrémité. Il habite le cap de Bonne-Espérance et le Sénégal. On le chasse pour sa fourrure, connue sous le nom de *chat-tigre* ou de *pard*.

On le voit rarement à terre, il se tient sur les arbres, où il prend les oiseaux dont il se nourrit ; il saute aussi légèrement qu'un singe et avec tant d'adresse et d'agilité qu'en un instant il parcourt un grand espace. Il est d'un naturel féroce ; cependant il fuit à l'aspect de l'homme, à moins qu'on ne l'irrite, surtout en dérangeant sa bauge ;

car, alors, il devient furieux, s'élance, mord et déchire à peu près comme la panthère. Il ne s'apprivoise pas.

L'OCELOT

Particulier à l'Afrique, l'ocelot présente un pelage fauve en dessus, blanc en dessous, varié sur la croupe et les flancs de cinq bandes obliques d'un foncé bordé de noir. Il ne chasse sa proie que pendant la nuit. Il atteint la longueur d'un mètre non compris la queue.

De toutes les bêtes à peau tigrée, l'ocelot mâle a certainement la peau la plus belle et la mieux variée. On a remarqué que l'ocelot, au lieu de dévorer sa proie, ne peut qu'en sucer le sang jusqu'à ce que mort s'ensuive. Il attaque rarement les hommes ; dès qu'il se voit poursuivi par les chiens, il se réfugie dans un arbre où, du reste, il se tient ordinairement pour épier le gibier et le bétail sur lequel il se précipite dès qu'il est à sa portée. Dans l'état de captivité, il conserve ses mœurs féroces, et le mâle montre en tout sa supériorité en ne permettant jamais à la femelle de rien manger de ce qu'on leur offre avant qu'il ne soit lui-même parfaitement rassasié ; il

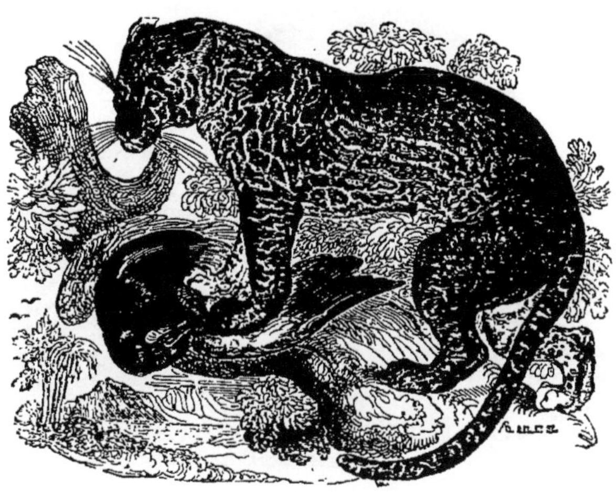

ressent la plus vive antipathie pour les chiens et les chats.

L'HYÈNE

L'hyène est peut-être le seul de tous les animaux quadrupèdes qui n'ait que quatre doigts tant aux pieds de devant qu'à ceux de derrière.

Cet animal sauvage et solitaire demeure dans les cavernes des montagnes, dans les fentes des rochers, ou dans les tanières qu'il se creuse lui-même sous terre ; il est d'un naturel féroce ; et, quoique pris tout petit, il ne s'apprivoise pas. L'hyène vit de proie comme le loup, mais elle est plus forte et paraît plus hardie ; elle attaque quelquefois les hommes ; elle se jette sur le bétail, suit de près les troupeaux et souvent rompt dans la nuit les portes des étables et les clôtures des bergeries ; ses yeux brillent dans l'obscurité, et l'on prétend qu'elle voit mieux la nuit que le jour. Son cri ressemble aux sanglots d'un homme, ou plutôt au mugissement du veau. Elle se défend du lion, de la panthère, etc. ; si la proie lui

6

manque, elle déterre les cadavres d'hommes et d'animaux. Elle se trouve dans presque tous les climats

chauds de l'Afrique et de l'Asie, il y en a encore en Algérie.

LA CIVETTE

A peu près de la taille d'un renard, la civette a le museau pointu, le nez terminé par un mufle assez large, les narines grandes et pincées sur les côtés. On trouve la civette en Asie et en Afrique, principalement en Abyssinie, en Guinée et au Congo. Elle a sous la queue une petite cavité qui s'ouvre à l'extérieur, et qui contient une matière grasse, analogue au musc.

Pour recueillir le parfum de la civette, les Indiens mettent l'animal dans une cage étroite où il ne peut se retourner ; ils ouvrent la cage par le bout, tirent l'animal par la queue, le contraignent à demeurer dans cette situation en mettant un bâton à travers les barreaux de la cage, au moyen duquel ils lui gênent les jambes de derrière ; ensuite ils font entrer une petite cuiller dans le sac qui contient le parfum ; ils raclent avec soin toutes les parois intérieures de ce sac, et mettent la matière qu'ils en tirent dans un vase qu'ils couvrent avec soin.

Les civettes sont naturellement farouches, et même un peu féroces; cependant on les apprivoise aisément. Elles sautent comme les chats, et peuvent aussi courir comme

les chiens. Elles vivent de chasse, surprennent et poursuivent les petits animaux, les oiseaux.

Leurs yeux brillent la nuit, et il est à croire qu'elles voient dans l'obscurité; leur cri ressemble assez à celui d'un chien en colère.

LA GENETTE

La genette est un animal plus petit que la civette; elle a sous la queue une petite ouverture ou sac dans lequel

se filtre une espèce de parfum, mais faible, et dont l'odeur ne se conserve pas. Elle est un peu plus grande que la fouine, qui lui ressemble beaucoup. On l'a appelée chat de Constantinople, chat d'Espagne, chat genette ; elle n'a cependant rien de commun avec les chats que l'art d'épier et de prendre les souris. Il y a des genettes dans nos provinces méridionales, et elles sont assez communes en Poitou.

La peau de cet animal fait une fourrure légère et très jolie.

CHÉIROPTÈRES OU CHAUVES-SOURIS

Les chéiroptères sont des mammifères caractérisés par un repli membraneux de la peau des flancs qui s'unit aux quatre membres et aux doigts de la main, de manière à former de véritables ailes propres au vol comme celles

des oiseaux. La membrane qui forme leurs ailes est le siège d'un tact exquis, capable de les avertir, comme la vue, de l'approche d'un obstacle.

Ce sont des animaux nocturnes ; ils vivent dans les bâtiments en ruine, les carrières, les cavernes, où ils se tiennent suspendus la tête en bas et accrochés par leurs ongles de derrière. Les chauves-souris ne marchent qu'avec la plus grande difficulté sur la terre ; mais en revanche elles ont un vol aussi rapide que léger, et happent en volant les insectes dont elles se nourrissent. La portée des femelles est de deux petits, qu'elles allaitent et portent à leurs mamelles en voltigeant. Elles ne font pas de nid comme les oiseaux, elles se contentent d'un

trou de mur. Les deux premiers jours, elles laissent leurs petits attachés à leurs corps ; mais lorsqu'il devient nécessaire d'aller chercher de la nourriture, elles les accrochent contre les parois du trou de la même manière qu'elles s'y étaient elles-mêmes suspendues au moyen de leurs ongles crochus, et ils y restent jusqu'à leur retour.

Les chauves-souris forment plusieurs familles, dont les principales sont :

Le *murin* ou chauve-souris commune ;

Le *vespertilien*, espèce d'Europe à moustache qui se nourrit d'insectes crépusculaires ou nocturnes ;

L'*oreillard*, qui se distingue par ses oreilles presque

aussi longues à elles seules que le reste de son corps, sa tête aplatie, son museau, renflé des deux côtés, son pelage, gris brun en dessus, cendré en dessous. Il se trouve communément aux environs de Paris.

La famille des *Ptéropiens* renferme les plus grandes chauves-souris connues, entre autres la *roussette* ou *chien-volant* de l'Océanie et de Madagascar dont on mange la chair.

Celle des *Vampiriens* comprend le *vampire*, qui attaque les gros animaux endormis et suce tout leur sang avec sa langue. Cette énorme espèce se trouve en Guyane.

LE CERF

De tous les ruminants, le cerf est le plus agile, le plus élégant et le plus gracieux. Le cerf proprement dit se distingue par ses longs bois vivants qui tombent chaque année, et desquels partent, les uns de la base, les autres du milieu, d'autres petits bois de forme conique appelés andouillers ; son pelage est d'un brun fauve par tout le corps, excepté la croupe et la queue, qui sont d'un fauve pâle. Il vit par troupes plus ou moins nombreuses, et se trouve dans presque toute l'Europe et dans une partie de l'Asie.

On nomme *daguet* le faon qui n'a encore que son premier bois ou dague, qui lui vient au commencement de sa seconde année ; on appelle *jeune cerf* le cerf depuis trois ans jusqu'à six ; *cerf dix cors jeune-mars*, le cerf de six ans ; *cerf dix cors*, celui de sept ; et *vieux cerf*, celui qui a atteint huit ans. La durée de sa vie ne dépasse guère vingt ans. C'est à partir de la quatrième année que le bois se couronne, acquiert beaucoup de force et se subdivise en différentes branches (cors ou andouillers). La femelle du cerf est la biche ; elle n'a pas de bois.

Le cerf paraît avoir l'œil bon, l'odorat exquis et l'oreille excellente. Lorsqu'il veut écouter, il lève la tête, dresse les oreilles, et alors il entend de fort loin ; lorsqu'il sort dans un petit taillis ou dans quelque autre endroit à demi découvert, il s'arrête pour regarder de tous côtés et chercher ensuite le dessous du vent pour sentir s'il n'y a pas

quelqu'un qui puisse l'inquiéter. Sa nourriture est différente suivant les différentes saisons : en automne, il cherche les boutons des arbustes verts, les fleurs de bruyère, les feuilles de ronces ; en hiver, lorsqu'il neige, il pèle les arbres ou mange les jeunes blés ; au commencement du printemps, il cherche les chatons des trembles, des coudriers, etc. ; en été, il a de quoi choisir, mais il préfère le seigle à tous les autres grains.

La chair du faon est bonne à manger ; celle de la biche et du daguet n'est pas absolument mauvaise, mais celle des cerfs a toujours un goût désagréable et fort. Ce que cet animal fournit de plus utile, c'est son bois et sa peau ; on prépare la peau, et elle fait un cuir souple et très durable ; le bois s'emploie par les couteliers, etc.

Le cerf, pour échapper à la poursuite des chasseurs, a recours à des ruses ; il passe et repasse deux ou trois fois sur sa voie, ou se jette à l'eau, se cache, reste sur le ventre, ou, se faisant accompagner d'autres bêtes pour donner le change, il s'élance à travers les forêts, et souvent, pour dérober sa piste aux chiens, il traverse des étangs ; épuisé, réduit aux abois, il cherche encore à défendre sa vie et blesse souvent les chiens et les chasseurs qui le serrent de toutes parts.

D'une taille intermédiaire entre le cerf et le chevreuil, le daim est remarquable par ses andouillers supérieurs aplatis et palmés ; il tient plus du cerf par sa légèreté et par son poil d'un rouge jaunâtre ; cependant il ne va jamais avec lui, il le fuit même. Il est rare de trouver des daims dans les pays peuplés de beaucoup de cerfs.

LE CHEVREUIL

Cet animal offre à peu près les formes générales du cerf et du daim, mais il est bien plus petit ; son signe distinctif est une ligne blanche bordée de noir qui coupe obliquement le bout de son museau. Son pelage présente un mélange de fauve et de blanc ; ses bois petits et rameux laissent voir beaucoup de rugosités.

Il diffère du cerf et du daim par le naturel et le tempérament, par les mœurs et aussi par presque toutes les habitudes de la nature. Au lieu de marcher par grandes troupes, comme lui, il demeure en famille, et on ne le voit jamais s'associer avec des étrangers : le père et la mère vont ensemble, et leurs petits, qui sont ordinairement au nombre de deux, élevés et nourris ensemble, prennent une si forte affection l'un pour l'autre qu'ils ne se quittent jamais.

Les chevreuils ne raient pas (ne crient pas) si fréquemment, ni d'un cri aussi fort que le cerf; les jeunes ont un petit cri court et plaintif, *mi... mi*, par lequel ils indiquent le besoin qu'ils ont de nourriture. Ce son est aisé à imiter, et la mère, trompée par l'appeau, vient souvent jusque sous le fusil du chasseur. Du reste, le chevreuil a plus de courage que le cerf. Quand il sent que les premiers efforts d'une fuite rapide ont été sans succès, il revient sur ses pas, retourne, revient encore, et ne se rend qu'à la dernière extrémité.

On distingue deux races de chevreuils : l'une fauve ou plutôt rousse, l'autre plus ou moins foncée, et plus petite que la première.

La femelle du chevreuil, appelée chevrette, n'a pas de bois.

LE LIÈVRE

Tandis que le cerf, le daim et le chevreuil sont des ruminants, le lièvre est cité comme rongeur. Nous indiquerons comme caractères généraux : ses dents incisives supérieures doubles, ses cinq doigts aux pattes de devant et ses quatre aux pattes de derrière, ses longues oreilles, sa lèvre supérieure très fendue, son museau arrondi et garni de poils soyeux.

Les petits ont les yeux ouverts en naissant. La mère les allaite pendant vingt jours, après quoi ils s'en séparent et trouvent eux-mêmes leur nourriture; ils ne s'écartent pas beaucoup les uns des autres, ni du lieu où ils sont nés; cependant ils vivent solitairement. Ils se nourrissent d'herbes, de racines, de feuilles, de fruits, de graines, et préfèrent les plantes dont la sève est laiteuse; ils rongent même l'écorce des arbres pendant l'hiver, et il n'y a guère que l'aune et le tilleul auxquels ils ne touchent pas.

Ils dorment ou se reposent au gîte pendant le jour, et ne vivent pour ainsi dire que la nuit; c'est pendant la nuit qu'ils se promènent et qu'ils mangent; on les voit au clair de la lune jouer ensemble, sauter et courir les

uns après les autres; mais le moindre mouvement, le bruit d'une feuille qui tombe, suffit pour les troubler; ils fuient chacun d'un côté différent.

Les lièvres dorment beaucoup, et dorment les yeux ouverts; ils n'ont pas de cils aux paupières, et ils paraissent avoir les yeux mauvais; ils ont, comme par dédommagement, l'ouïe très fine.

Les lièvres ne vivent que sept ou huit ans au plus.

En général, le lièvre ne manque pas d'instinct pour sa propre conservation, ni de sagacité pour échapper à ses ennemis; il se forme un gîte; il choisit en hiver les lieux exposés au midi, et en été il se loge au nord; il se cache, pour n'être pas vu, entre des mottes qui sont de la couleur de son poil.

LE LAPIN

Le lapin diffère du lièvre par sa taille plus petite, ses oreilles moins longues, son teint noir ou brun, et enfin parce qu'il vit dans les terriers. Il est originaire de l'Afrique.

La fécondité du lapin est encore plus grande que celle du lièvre, et ces animaux multiplient si prodigieusement dans les pays qui leur conviennent, que la terre ne peut

fournir à leur subsistance; ils détruisent les herbes, les racines, les grains, les fruits, les légumes, et même les arbrisseaux et les arbres; et si l'on n'avait pas contre eux le secours des furets et des chiens, ils feraient déserter les habitants des campagnes.

Le lapin a plus de ressources que le lièvre pour échapper à ses ennemis : les trous où il se retire avec ses petits le mettent à l'abri du loup, du renard et de l'oiseau de proie; il y habite avec sa femelle en pleine sécurité; il y élève et y nourrit ses lapereaux jusqu'à l'âge d'environ deux mois. Le père lapin sait se faire respecter de toute sa famille; il s'oppose aux disputes, aux querelles; dès qu'on l'aperçoit, sa présence seule suffit pour remettre l'ordre. S'il en trouve quelques-uns aux prises, il les sépare et fait sur-le-champ un exemple de punition.

Dès que les petits lapereaux sont venus au monde, la mère s'arrache une grande quantité de poils, dont elle leur fait un lit; pendant plus de six semaines, elle ne peut pas décider le père à leur faire la moindre caresse ni même à entrer dans le trou où ils sont, et dont elle a soin, quand elle s'absente, de boucher l'entrée avec de la terre humide. Quand ils commencent à venir au bord du trou et à manger du seneçon ou d'autres herbes qu'elle leur présente, le père se décide à les prendre entre ses pattes, à leur lécher le poil et à leur lécher les yeux.

Les lapins clapiers ou domestiques varient pour les couleurs; le blanc, le noir et le gris sont les principales. On a remarqué que, quand on met des lapins clapiers dans une garenne, ils restent longtemps à la surface de la terre comme les lièvres, et ne se creusent des trous qu'au bout d'un certain nombre de générations.

LE TAMANOIR OU FOURMILIER TAMANOIR

Il se distingue par son long museau, sa gueule étroite dénuée de dents, sa langue longue et arrondie, qu'il insinue dans des fourmilières et qu'il retire ensuite pour avaler les fourmis, qui font sa principale nourriture. Il atteint quelquefois jusqu'à un mètre vingt-cinq de longueur, sans compter sa queue, longue de soixante-quinze centimètres et couverte de longs poils. Ses jambes n'ont qu'un pied de hauteur; celles de derrière sont plus basses et plus épaisses que celles de devant : ses pieds ronds armés d'ongles serrent avec une force extraordinaire les branches et les bâtons; mais ils lui sont d'un faible secours pour la marche : un homme l'atteint aisément à la course. Il se défend avec avantage contre les animaux les plus féroces, tels que le jaguar, le couguar, etc., et les déchire à coups de griffes.

Il se nourrit non seulement de fourmis, mais de poux

de bois et d'autres insectes du même genre. Sa chair n'est point mauvaise à manger.

On le trouve surtout dans l'Amérique septentrionale.

LE KANGOUROU ENFUMÉ

Le kangourou enfumé, originaire d'Australie, atteint jusqu'à deux mètres de hauteur ; il est brun en dessus, roux sur les flancs et d'un gris clair en dessous.

Ces singuliers animaux ont leurs pattes antérieures fort petites et munies de cinq doigts armés d'ongles assez forts, qui ne paraissant guère leur être utiles pour la marche : ils s'en servent comme de mains pour porter leurs aliments à la bouche, à la manière des rongeurs. Leurs pattes de derrière sont allongées hors de toute proportion, munies de quatre doigts fort longs, dont le second externe, dépassant beaucoup les autres dans ses dimensions, a pour ongle un véritable sabot. Il résulte de cette conformation que la situation verticale est leur position habituelle, et qu'ils s'appuient non seulement sur leurs longues jambes, mais encore sur leur grosse et puissante queue, qui leur sert comme de ressort quand ils sautent; le bond est donc leur marche naturelle. Le sabot de leurs pieds de derrière est pour eux une arme défensive et offensive, car, en se tenant sur une jambe et sur la queue, ils peuvent, avec le pied qui leur reste libre, donner des coups assez violents.

Les petits, en naissant, n'ont pas plus de cinq centimètres de longueur; la mère les place dans la poche qu'elle a sous le ventre; ils n'en sortent définitivement que lorsque leur grosseur ne leur permet plus d'y rentrer. Ces animaux vivent d'herbe, cependant ils ne dédaignent pas les autres aliments.

LA SARIGUE

La femelle de la sarigue ou opossum porte sous le ventre une cavité dans laquelle elle garde et allaite ses petits; le mâle et la femelle ont le premier doigt des pieds de derrière sans ongle et tout à fait séparé des autres doigts, comme le pouce de l'homme; les autres doigts de derrière sont crochus et armés d'ongles.

Les petits de la sarigue, à leur naissance, ne sont pas plus gros que des mouches. Ils restent attachés dans la poche extérieure de leur mère jusqu'à ce qu'ils aient pris assez de force et d'accroissement pour se mouvoir aisément. On peut ouvrir cette poche, regarder, compter et même toucher les petits sans les incommoder. Après l'avoir quittée, ils y rentrent pour dormir et aussi pour se cacher lorsqu'ils sont épouvantés. La mère fuit alors et les emporte tous ; mais elle marche mal et court lentement.

En revanche, elle grimpe sur les arbres avec une extrême facilité et se cache dans le feuillage pour attraper

les oiseaux ou se suspend par la queue, à peu près comme les singes à *queue prenante*.

Quoique carnassière, la sarigue mange assez de tout : des reptiles, des insectes, des cannes à sucre, des patates, des racines, et même des feuilles et des écorces. On l'apprivoise aisément, mais elle dégoûte par sa mauvaise odeur.

L'ÉLÉPHANT

Nous connaissons deux espèces d'éléphants : l'éléphant des Indes ; c'est le plus fort, le plus docile et le plus intelligent ; l'éléphant d'Afrique, d'une peau plus noire, moins grand et moins facile à apprivoiser.

Dans l'état sauvage, l'éléphant n'est ni sanguinaire, ni féroce; il n'emploie ses armes et sa force que pour défendre lui-même et pour protéger ses semblables. Il a les mœurs sociables; on le voit rarement errant et solitaire. Il marche ordinairement de compagnie; le plus âgé conduit la troupe; le second d'âge la fait aller et marche le dernier; les jeunes et les plus faibles sont au milieu des autres; les mères portent leurs petits et les tiennent embrassés de leur trompe. Ils aiment le bord des fleuves, les profondes vallées, et les terrains humides. Ils ne peuvent supporter ni le froid trop vif ni la chaleur excessive. Leurs aliments ordinaires sont des racines, des herbes, des feuilles et du bois tendre; ils mangent aussi des fruits et des grains; mais ils dédaignent la chair et le poisson.

Il est difficile de les épouvanter; les seules choses qui les surprennent et puissent les arrêter, sont les feux d'artifice et les pétards qu'on leur lance.

L'éléphant à six mois est déjà plus gros qu'un bœuf.

La force de ces animaux est proportionnelle à leur grandeur : les éléphants des Indes portent facilement trois ou quatre milliers; les plus petits enlèvent librement un poids de deux cents livres avec leur trompe. L'éléphant a les yeux très petits relativement au volume de son corps, mais ils sont brillants et spirituels; il a un très bon naturel et paraît aimer la musique; son odorat est exquis, il se délecte du parfum des fleurs ; il n'a pour ainsi dire le sens du toucher que dans la trompe; mais il est aussi délicat, aussi distinct dans cette espèce de main que dans celle de l'homme. Cette trompe est un membre capable de mouvement et de sentiment : l'animal peut non seulement la remuer, la fléchir, mais il peut la raccourcir, l'allonger, la courber et la tourner en tous sens. L'extrémité de la trompe est terminée par un rebord qui s'allonge par le dessous en forme de doigt; avec cette sorte de doigt, l'éléphant ramasse à terre les plus petites pièces de monnaie; il cueille les herbes et les fleurs; il dénoue les cordes, ouvre et ferme les portes en tournant les clefs, etc. Il débouche une bouteille aussi adroitement que le plus intrépide buveur. Quand une troupe d'éléphants a à traverser un fossé assez profond, l'un d'entre eux descend dedans et présente son corps comme un pont volant, sur lequel ses compagnons passent; ensuite ils le retirent eux-mêmes en l'aidant de leurs trompes et de leurs pieds.

On raconte que Porus ayant été blessé dangereuse-

ment dans la bataille que lui livra Alexandre le Grand on remarqua que l'éléphant retirait adroitement avec sa trompe les dards et les flèches dont ce monarque était percé. Non moins fidèle que sensible, l'animal ne se rendit qu'à la dernière extrémité, lorsqu'il eut senti que son maître s'évanouissait par la grande quantité de sang qui coulait de ses blessures; alors, craignant qu'il ne tombât de sa hauteur, il se baissa doucement et lui donna la facilité de se couler à terre sans se faire de mal.

Les éléphants s'aiment et se chérissent mutuellement : ils ont surtout beaucoup d'égards et de considération pour la vieillesse, sans y être contraints par les lois des Lycurgue et des Solon. Les jeunes éléphants partagent avec les vieux leur nourriture et leur témoignent en toutes choses la plus grande déférence.

L'éléphant tombe quelquefois dans une espèce de folie qui lui ôte sa docilité et le rend très redoutable; on est alors obligé de le tuer.

LE RHINOCÉROS

Après l'éléphant, le rhinocéros est le plus puissant de tous les quadrupèdes : il a au moins quatre mètres de longueur depuis l'extrémité du museau jusqu'à l'origine de la queue, deux mètres de hauteur, et la circonférence du corps à peu près égale à sa longueur. Il approche

donc de l'éléphant pour le volume et pour la masse; et s'il paraît plus petit, c'est que ses jambes sont plus courtes à proportion que celles de l'éléphant, mais il en diffère beaucoup par les facultés naturelles et par l'intelligence. Il n'est guère supérieur aux autres animaux que par la force, la grandeur, et l'arme offensive qu'il porte sur son nez, et qui n'appartient qu'à lui : c'est une corne très dure, qui défend toutes les parties antérieures du museau; le tigre attaque plus volontiers l'éléphant, dont il craint la trompe, que le rhinocéros, qu'il ne peut coiffer sans risquer d'être éventré : car le corps et les membres sont recouverts d'une enveloppe impénétrable.

Au lieu des longues dents d'ivoire qui forment la défense de l'éléphant, le rhinocéros a sa puissante arme et deux dents incisives à chaque mâchoire. Les Indiens estiment plus la corne du rhinocéros que l'ivoire de l'éléphant; ils attribuent à cette corne de merveilleuses propriétés médicales contre un grand nombre de maladies.

Le rhinocéros ressemble beaucoup au cochon par son naturel; il n'est ni féroce ni carnassier, mais brute, indocile, aimant à se vautrer dans la boue.

Les nègres trouvent sa chair très bonne; sa peau donne le meilleur cuir qui existe.

Il mange des herbes grossières et des grains; il est friand de cannes à sucre. Il vit en paix avec presque tous les animaux.

LE CHAMEAU ET LE DROMADAIRE

Ils appartiennent tous les deux à la famille des ruminants, c'est-à-dire des animaux qui, après avoir mâché leurs aliments et les avoir engloutis dans leur panse, les font remonter dans leur bouche et les font repasser dans un second estomac, les remâchent encore et, enfin, les laissent redescendre dans un troisième estomac.

On distingue deux espèces de chameaux : 1° le chameau à deux bosses de l'Asie, qui atteint deux mètres trente centimètres de haut; 2° le chameau à une bosse ou dromadaire, plus petit que l'autre; il habite l'Afrique. Il faut remarquer que ces animaux ont la lèvre supérieure fendue et le pied bifurqué, mais en dessus seulement.

Le dromadaire est, sans comparaison, plus répandu que le chameau; celui-ci ne se trouve guère que dans le Turkestan et dans quelques autres endroits du Levant; tandis que le dromadaire, plus commun qu'aucune autre bête de somme en Arabie, se trouve de même en grande quantité dans toute la partie septentrionale de l'Afrique, en Perse, dans la Tartarie méridionale, et dans le nord de l'Inde.

Le chameau est le plus sobre des animaux et peut passer plusieurs jours sans boire, aussi les Arabes regardent-ils le chameau comme un présent du ciel et un animal sacré, sans le secours duquel ils ne pourraient ni subsis-

ter, ni commercer, ni voyager. Le lait des chameaux fait leur nourriture ordinaire; ils en mangent aussi la chair, surtout celle des jeunes, qui est très bonne à leur goût. Le poil, qui se renouvelle tous les ans, leur sert à faire des étoffes. Avec leurs chameaux, ils peuvent mettre en un seul jour cinquante lieues de désert entre eux et leurs ennemis.

Ils les instruisent avec beaucoup de soin; peu de jours après leur naissance, ils leur plient les jambes sous le ventre, ils les contraignent à demeurer à terre, et les chargent, dans cette situation, d'un poids assez fort qu'ils les accoutument à porter, et qu'ils ne leur ôtent que pour leur en donner un plus fort. Dès qu'ils sont sûrs de la force, de la légèreté et de la sobriété de leurs chameaux, ils les chargent de tout ce qui est nécessaire à leur subsistance commune et partent à travers les déserts.

En Algérie, en Turquie, en Perse, en Arabie, en Égypte, etc., le transport des marchandises ne se fait que par le moyen des chameaux : c'est de toutes les voitures la plus prompte et la moins chère. Chaque chameau est chargé selon sa force. Ordinairement les grands chameaux portent trois à quatre cents kilos ; les plus petits, deux à trois cents.

Le chameau se passe très longtemps de boire : indépendamment des quatre estomacs qui se trouvent d'ordinaire dans les animaux ruminants, il a une cinquième poche qui lui sert de réservoir pour conserver son eau.

LE LAMA, LA VIGOGNE ET L'ALPACA

Suivant plusieurs naturalistes, le Pérou est le pays natal, la vraie patrie des lamas. Leur chair est bonne à manger ; leur poil est une laine fine d'un excellent usage, et pendant toute leur vie ils servent constamment à transporter toutes les denrées du pays. Leur charge ordinaire est de soixante-quinze kilos ; ils ne font que quatre ou cinq lieues par jour à travers des pays impraticables pour les autres animaux, et où les hommes mêmes peuvent à peine les accompagner. Lorsqu'on les excède de travail et qu'ils succombent une fois sous le faix, il n'y a nul moyen de les faire relever, on frappe inutilement : ils ne se défendent pas, mais ils crachent à la face de ceux qui les insultent, et l'on prétend que cette salive est âcre et mordante au point de faire lever des ampoules sur la peau.

Le lama est haut d'environ un mètre trente centimètres et long de deux mètres à peu près ; sa tête est bien faite, ses yeux sont grands ; la lèvre supérieure est fendue comme celle du chameau, avec lequel il a plus d'un trait de ressemblance. Il porte ses oreilles en avant, les dresse et les remue avec facilité. Comme il a le pied fourchu, il n'est pas nécessaire de le ferrer, et sa laine épaisse dispense de le bâter.

La *vigogne* a beaucoup de choses communes avec le

lama; elle est du même pays, et, comme lui, on ne la trouve nulle part ailleurs. Cependant, comme sa laine est beaucoup plus longue et beaucoup plus touffue que celle du lama, elle paraît craindre encore moins le froid; elle se tient plus volontiers dans la neige, sur les glaces et dans les contrées les plus froides des Cordillères. Elle est plus petite que le lama..

L'*alpaca* ressemble au lama, mais il est plus bas de jambes et beaucoup plus large de corps. L'alpaca est absolument sauvage, et se trouve en compagnie des vigognes. La laine est plus fournie et beaucoup plus fine que celle du lama; aussi est-il plus estimé.

Réduites à l'état domestique, les vigognes servent aux mêmes usages que les lamas.

Dans l'état de nature et de liberté, elles marchent ordinairement par troupes de soixante à quatre-vingts, et ne se laissent point approcher.

LE BUFFLE, LE BISON ET LE ZÉBU

Quoique le buffle et le bœuf soient deux animaux assez ressemblants, leur nature paraît antipathique : les vaches refusent de nourrir les petits buffles, comme les mères buffles refusent de nourrir les veaux. Le buffle est d'un

Le buffle.

naturel plus dur et moins traitable que le bœuf; ses habitudes sont grossières et brutes : après le cochon, c'est le plus sale des animaux. Sa figure est grasse et repoussante, son regard stupidement farouche; il porte sa tête ignoblement penchée vers la terre ; il diffère principalement du bœuf par sa peau noire, sa tête proportionnellement plus petite, ses cornes moins rondes et des jambes plus hautes soutenant un corps plus court.

Le buffle paraît encore plus propre que le taureau à ces chasses dont on fait des divertissements publics, surtout en Espagne. La férocité naturelle du buffle s'augmente lorsqu'elle est excitée et rend sa chasse très intéressante pour les spectateurs.

Le bison.

Le buffle est très commun en Italie, surtout dans les Marais-Pontins, où il vit aussi longtemps que notre bœuf.

Les cornes du buffle sont recherchées et fort estimées ; la peau sert à faire des liens pour les charrues, des cribles et des couvertures de coffres et de malles. Les buffles ont une mémoire qui surpasse celle de beaucoup d'autres animaux. Rien n'est si commun que de les voir retourner seuls et d'eux-mêmes à leurs troupeaux, quoiqu'ils en soient éloignés d'une distance de quarante ou cinquante milles.

La couleur noire et le goût désagréable de la chair du

buffle donneraient lieu de croire que le lait participe de ces mauvaises qualités; mais, au contraire, il est fort bon et conserve seulement un petit goût musqué. On en fait du beurre meilleur que celui de la vache. Ce qu'on appelle communément des *œufs de buffle*, sont des espèces de petits fromages auxquels on donne la forme d'œufs, qui sont d'un manger délicat.

Le buffle d'Afrique est terrible par sa férocité, et bien

Le zébu.

des voyageurs préféreraient la rencontre d'un lion à celle d'un buffle, car le lion attaque rarement l'homme lorsqu'il est repu, tandis que le buffle, qui est herbivore, est méchant par nature.

Le *bison* diffère non seulement du bœuf par la loupe qu'il porte sur le dos, mais encore par la qualité, la quantité et la longueur du poil, surtout sa barbe. Ses cornes sont courtes, arrondies, noires, susceptibles d'un beau poli. Pendant l'hiver, il se réfugie dans les forêts; l'été, il préfère le séjour des prairies. Sa peau fournit un bon cuir; sa bosse et sa langue sont un manger délicieux.

On le trouve surtout dans le nord de l'Amérique.

Le *zébu* semble être un diminutif du bison; il a sur le garrot une ou deux bosses charnues. Son pelage est ordinairement gris en dessus et blanc en dessous; sa chair a un goût de musc. Le zébu est commun dans l'Inde, dans certaines parties de l'Afrique et à Madagascar. Il se laisse réduire à l'état de domesticité.

LE YACK

On appelle encore le yack *vache grognante* ou vache de Tartarie. Il se distingue du bœuf, du buffle et du bison par ses longs poils, qui tombent perpendiculairement de tout son corps jusqu'au bas de ses jambes, et par sa queue garnie aussi de poils, et qui ressemble à celle du cheval; son pelage varie du noir au blanc. C'est avec ces poils de la queue que les Chinois font des houppes qui ornent leurs chasse-mouches et des sortes de flammes qu'ils attachent à leurs lances.

Quoiqu'il soit ombrageux et farouche à l'état sauvage, on le dompte aisément, et alors il se laisse monter. Il vit en troupeaux dans les montagnes du Tibet et forme la principale ressource des peuples tartares et mongols.

LE MOUFLON

Tous les moutons sauvages, regardés comme des types de nos moutons domestiques, ont reçu le nom de mouflons. Le mouflon d'Europe est très commun en Sardaigne et en Corse, il ressemble plus qu'aucun autre animal sauvage à toutes les brebis domestiques; il est plus vif, plus fort et plus léger qu'aucune d'entre elles; il a la tête, le front, les yeux et toute la face du bélier; il lui ressemble aussi par la forme des cornes et l'habitude entière du corps. Sa longueur est d'environ un mètre vingt centimètres sur quatre-vingts centimètres de haut. Son corps est couvert de poils laineux et doux en dessous et de poils longs et rudes en dessus. A l'état de liberté, les mouflons errent par troupes dans les hautes régions des montagnes, où ils sont aussi difficiles à chasser que les chamois.

Nous citerons parmi les principaux mouflons : le mouflon d'Amérique ou bélier de montagne, le mouflon d'Afrique ou mouflon à manchettes et le morvous de la Chine ou bélier à crinière.

LE ZÈBRE

Espèce du genre cheval, et se rapprochant de l'âne par la taille et par les formes, le zèbre ne s'apprivoise que difficilement et se laisse difficilement dompter. Il est peut-être, de tous les quadrupèdes, le mieux fait et le plus élégamment vêtu ; il a la figure et les grâces du cheval,

la légèreté du cerf et la robe rayée de rubans noirs et blancs, disposés alternativement avec tant de régularité et de symétrie qu'il semble que la nature ait employé la règle et le compas pour le peindre. Ces bandes alternatives de noir et de blanc sont d'autant plus singulières qu'elles sont étroites, parallèles et très exactement séparées, comme dans une étoffe rayée. De loin, cet animal paraît comme environné de bandelettes qu'on aurait pris plaisir et employé beaucoup d'art à disposer sur toutes les parties de son corps.

Quoiqu'on l'ait souvent appelé *cheval sauvage* et *âne rayé*, il n'est la copie ni de l'un ni de l'autre, et serait plutôt leur modèle, si dans la nature tout n'était pas également original. Les terres du cap de Bonne-Espérance semblent être sa vraie patrie.

L'HÉMIONE

Cet animal dépasse de beaucoup le meilleur coursier. Il offre les parties antérieures du cheval et les parties postérieures de l'âne ; son pelage est ras et lustré, isabelle en dessus, blanc en dessous. La crinière est noirâtre et

semble se continuer par une raie dorsale de même couleur jusqu'à la queue, laquelle se termine par un bouquet de crins noirâtres. Les hémiones se trouvent en grand nombre au nord de l'Inde. On les voit toujours en troupes commandées chacune par un chef. Si ce chef est tué, la troupe, n'étant plus conduite, se disperse, et les chasseurs sont sûrs d'en tuer plusieurs autres.

Une mauvaise qualité de ces animaux, c'est qu'ils restent toujours indomptables. A Bombay, cependant, on se sert des hémiones comme chevaux de selle et de trait.

L'ÉLAN ET LE RENNE

Pour avoir une idée assez juste de la forme de ces deux animaux, il faut les comparer avec le cerf, auquel ils ressemblent. L'élan est plus grand, plus gros, plus élevé sur ses jambes ; il a le cou plus court, le poil plus long, le bois beaucoup plus large et plus massif que le cerf ; le

renne est plus bas, plus trapu ; il a les jambes plus courtes, plus grosses, et les pieds bien plus larges ; le poil très fourni, le bois beaucoup plus long et divisé en un grand nombre de rameaux terminés par des empaumures. Tous deux ont de longs pieds, mais le cou et la queue courts. Leur marche est une espèce de trot. Le renne se tient sur les montagnes ; l'élan n'habite que les terres basses et les forêts humides. Tous deux se mettent en troupes comme le cerf, et vont de compagnie ; tous deux peuvent s'apprivoiser, mais le renne beaucoup plus que l'élan.

Les Lapons n'ont pas d'autre bétail que le renne. Ils s'en servent comme ailleurs on se sert du cheval ; il fait aisément trente lieues par jour et court avec autant d'assurance sur la neige gelée que sur une pelouse. La femelle donne du lait plus nourrissant et plus substantiel que celui de la vache ; sa chair est bonne à manger ; son poil fait une excellente fourrure, et sa peau devient un cuir très souple : ainsi le renne donne seul ce que nous tirons du cheval, du bœuf et de la brebis.

La nourriture de cet animal pendant l'hiver est une mousse blanche qu'il sait trouver sous les neiges épaisses en les fouillant avec son bois et ses pieds ; en été, il vit de boutons et de feuilles d'arbre plutôt que d'herbe. Les plus riches Lapons ont des troupeaux de quatre ou de cinq cents rennes ; on les mène au pâturage, on les ramène à l'étable, ou bien on les enferme dans des parcs. Ils jettent leur bois tous les ans comme les cerfs. Une singularité commune au renne et à l'élan, c'est que, quand ces animaux courent, les cornes de leurs pieds font, à chaque mouvement, un bruit de craquement si fort, qu'il semble que toutes les jointures de leurs jambes se déboîtent. Ils se défendent vigoureusement, avec leurs pieds de devant, contre les loups et les gloutons, leurs redoutables ennemis. D'autres animaux encore les mettent en fuite, ce sont des espèces de taons, appelés *œstres du renne*, et dont le seul bruit d'ailes suffit pour disperser tout un troupeau.

Le renne se trouve surtout en Laponie, au Spitzberg, au Grœnland, dans la Sibérie septentrionale ; l'élan habite l'Amérique du Nord, où l'on est parvenu à en atteler quelques-uns à la charrue pour en faire des bêtes de trait assez dociles.

LE BOUQUETIN ET LE CHAMOIS

Le *bouquetin* est une sorte de bouc qui s'élève jusqu'au sommet des plus hautes montagnes ; ses habitudes sont celles du chamois, mais il a plus de force et d'agilité que lui. Ses cornes sont longues et grosses, et croissent d'un nœud chaque année ; son poil de dessus est rude, celui de dessous est plus doux et plus fin.

Le *chamois* appartient au genre antilope. Il est de la taille d'une grosse chèvre ; son pelage, assez long et assez fourni, est soyeux et laineux, d'un brun foncé en hiver,

d'un brun fauve en été ; ses cornes, longues de douze à treize centimètres, sont d'abord droites, puis se recourbent subitement en arrière. Le chamois se tient en troupes peu nombreuses, principalement dans les Alpes et dans les Pyrénées. Le bouquetin et le chamois se frayent des chemins dans les neiges, franchissent les précipices en bondissant de rocher en rocher ; tous deux, pris jeunes, s'apprivoisent et s'accoutument à la domesticité. Le bouquetin et le bouc ont une très longue barbe, le chamois n'en a point. Les cornes du chamois sont très petites, celles du bouquetin mâle sont si grosses et si longues qu'on n'imaginerait pas qu'elles puissent appartenir à un animal de cette taille.

En somme, le bouquetin est l'origine du bouc domestique, le chamois n'est qu'une variété dans l'espèce de la chèvre.

La chasse de ces animaux, surtout celle du bouquetin, est très pénible, les chiens y sont presque inutiles; lorsque l'animal se trouve acculé, il frappe le chasseur d'un violent coup de tête et le renverse souvent dans le précipice voisin.

LES GAZELLES, LA GAZELLE ANTILOPE

Généralement on place les gazelles entre les cerfs et les chèvres. Elles se distinguent par leurs cornes creuses entourant un noyau osseux, par leurs formes élégantes, par leur légèreté à la course, et par la finesse de leur vue, de leur ouïe et de leur odorat. Leurs jambes de devant sont moins longues que celles de derrière, ce qui leur donne, comme au lièvre, plus de facilité pour courir en montant qu'en descendant. Leur légèreté est au moins égale à celle du chevreuil; mais celui-ci bondit et saute plutôt qu'il ne court, au lieu que les gazelles courent uniformément plutôt qu'elles ne bondissent. Toutes ont le pied fourchu, et conformé à peu près comme celui des moutons: toutes ont, mâles et femelles, des cornes permanentes comme les chèvres; les cornes des femelles sont seulement plus minces et plus courtes que celles des mâles.

Les *antilopes*, surtout les grandes, sont beaucoup plus communes en Afrique qu'en Asie : elles sont plus fortes et plus farouches que les autres gazelles, desquelles il est aisé de les distinguer par la double flexion de leurs cornes, et parce qu'elles n'ont point de bande noire ou brune au bas des flancs. Les antilopes moyennes ont la grandeur et la couleur du daim.

LE NYLGAUL OU BŒUF GRIS DU MONGOL

Le nylgaul tient du cerf par le cou et la tête, et du bœuf par les cornes et la queue; il est de la taille du lama. Il habite surtout les climats chauds de l'Asie et de l'Afrique. Parmi les animaux d'Europe, c'est au chamois qu'on pourrait le mieux le comparer pour la forme générale du corps.

C'est, au fond, un animal doux et qui paraît aimer qu'on se familiarise avec lui; il lèche la main de celui qui le flatte ou lui présente du pain. Quand quelque animal l'attaque, il se met à genoux pour mieux bondir contre son adversaire.

LE MUSC OU CHEVROTAIN PORTE-MUSC

Assez ressemblant au chevreuil, haut de cinquante centimètres sur un mètre de long, le chevrotain n'a ni

cornes ni bois sur la tête; son signe distinctif est une espèce de petite bourse qu'il porte près du nombril, et dans laquelle se filtre la liqueur grasse appelée *musc*.

Ses jambes de devant sont droites, frêles, légères, flexibles, celles de derrière robustes, lourdes et fortement arquées. Il présente un pelage d'un brun gris de fer. On le trouve dans les montagnes de l'Asie orientale, en Chine, au Thibet, au Bengale, en Turquie et en Tartarie. Le musc sert, en médecine, contre les maladies nerveuses.

LE TAPIR

Cet animal peut être regardé comme l'éléphant du Nouveau Monde, il n'atteint guère que la hauteur d'un mètre sur deux de long ; il a pour signe distinctif un nez prolongé en une trompe mobile, assez courte et non préhensile. Il reste plus souvent dans l'eau que sur la terre,

où il va de temps en temps brouter l'herbe la plus tendre ; il ne mange point de poisson. Il a le poil ras, mêlé de blanc et de noir, et formant des bandes qui s'étendent en long depuis la tête jusqu'à la queue. Quoiqu'il ait la gueule armée de vingt dents incisives et tranchantes, il ne se sert point de ces armes contre les autres animaux et fuit tout danger et tout combat. Malgré ses jambes courtes et son corps massif, il court assez vite. On le trouve d'ordinaire en compagnie et même en grandes troupes. Son cuir est d'un tissu si ferme et si serré que souvent il résiste à la balle. On le trouve communément au Brésil, au Paraguay, près de l'Amazone, dans la Guyane et dans toute l'étendue de l'Amérique méridionale.

La mère tapir montre beaucoup d'affection pour son petit ; elle lui apprend à nager, jouer, plonger dans l'eau ; à terre, elle s'en fait suivre, et quand il s'éloigne, elle le rappelle, et ne se remet en marche que lorsqu'il l'a rejointe.

La chair du tapir se mange, mais n'est pas de bon goût ; elle est pesante, semblable, pour la couleur et pour l'odeur, à celle du cerf. Les seuls morceaux assez bons sont sous les pieds et au-dessus du cou.

L'HIPPOPOTAME

Deux mots grecs, qui signifient *cheval de fleuve* ou de *rivière*, forment le nom de cet animal. Il se trouve surtout dans les rivières du centre et du sud de l'Afrique ; il atteint jusqu'à quatre mètres de longueur ; mais, comme il n'a jamais plus d'un mètre soixante de haut, son ventre énorme touche presque à terre ; il peut peser jusqu'à deux mille kilos. Sa peau, d'un brun noir, est dénuée presque complètement de poils, excepté à la queue. Il vit de poissons et de végétaux. Au moindre bruit il se précipite dans l'eau, où il reste longtemps sans respirer. Sa gueule très grande est garnie de trente-six dents énormes et si dures qu'elles font feu avec le fer. On préfère ces dents-là à l'ivoire pour faire des dents artificielles et postiches : les plus grandes pèsent jusqu'à six kilogrammes chacune.

Avec d'aussi puissantes armes, l'hippopotame pourrait

se rendre redoutable à tous les animaux, mais il est naturellement doux ; il est d'ailleurs si pesant et si lent à la course qu'il ne pourrait attraper aucun des quadrupèdes. Il fuit ordinairement lorsqu'on le chasse ; mais si l'on vient à le blesser, il s'irrite, et, se retournant avec fureur, se lance contre les barques, les saisit avec ses dents, les soulève, les brise ou les submerge.

Sa chair est bonne, salubre, facile à digérer ; son cuir est à l'épreuve de la balle, il sert à faire des harnais et de solides boucliers.

Cet animal dévaste les moissons, choisit d'avance et détermine chaque jour celle où il se propose d'aller paître. On prétend aussi qu'il n'y entre qu'à rebours, afin que ses traces qui, par ce moyen, se présentent inverses, puissent mettre en défaut ceux qui voudraient lui tendre quelque embûche.

La femelle hippopotame se dévoue, même à une mort certaine, pour défendre son petit.

LE PORC-ÉPIC

On reconnaît facilement cet animal aux piquants raides, aigus, susceptibles d'être redressés, qui couvrent son corps et le défendent contre ses ennemis.

Par sa forme, sa taille et ses habitudes il se rapproche du lapin ; il est long d'environ soixante-dix centimètres. Il ne ressemble au cochon que par le grognement et le goût de sa chair. Il a le museau fendu comme les lièvres, des dents incisives, mais pas de défenses.

Il est originaire des climats les plus chauds de l'Afrique et des Indes, mais il peut vivre et se multiplier en Perse, en Espagne et en Italie. On le nourrit aisément avec de la mie de pain, du froment et des fruits ; dans l'état de liberté, il vit de racines et de graines sauvages ; sa chair, quoique un peu fade, n'est pas mauvaise à manger.

Les piquants voisins de la queue sonnent les uns contre les autres lorsque l'animal marche; il peut les redresser et les relever à peu près comme les coqs d'Inde

relèvent les plumes de leur queue. Quand il veut attaquer les serpents, il se met en boule, cache sa tête et ses pieds, et, sans courir le risque d'être blessé lui-même, il les transperce de ses piquants.

LA GIRAFE

A première vue, ce qui frappe dans la girafe, c'est un cou qui porte une tête très petite et la disproportion de ses jambes, celles de devant étant une fois plus longues que celles de derrière. Aussi sa démarche diffère-t-elle complètement de celle de tous les autres quadrupèdes. La girafe porte ensemble le pied de derrière et celui de devant du même côté, tandis que les autres quadrupèdes portent en marchant le pied droit de devant avec le pied gauche de derrière. Son pelage ras et blanchâtre est parsemé de longues taches fauves ou noires, suivant l'âge de l'individu. Sa crinière est droite et entremêlée de poils noirs ou jaunes ; sa queue est terminée par une touffe de crins durs ; ses deux petites cornes la rapprochent du cerf ; son cou long, du chameau ; sa peau tigrée, du léopard. Ces deux dernières ressemblances

l'ont fait appeler chameau-léopard par les anciens. Elle habite les déserts de l'Afrique, où elle vit en troupes ; elle se nourrit de jeunes bourgeons et de feuilles d'arbres. Sa taille atteint jusqu'à sept mètres.

Sa physionomie indique un animal doux, et, en effet, on peut le conduire partout où l'on veut avec une petite corde passée autour de la tête.

Sa chair, surtout quand la bête est jeune, est assez

bonne à manger, et ses os sont remplis d'une moelle que les Hottentots trouvent exquise.

Le cuir de ces animaux est excessivement épais. Les Africains s'en servent à différents usages : ils en font des vases pour conserver l'eau.

L'UNAU OU BRADYPE ET L'AI

On a appelé ces animaux *paresseux* à cause de leur marche lente et embarrassée. Leurs membres antérieurs étant très disproportionnés avec les membres postérieurs, ils sont forcés de se traîner sur les coudes. On les

trouve surtout dans les forêts de l'Amérique méridionale : ils se nourrissent de feuilles et d'écorce. L'unau et l'aï diffèrent assez entre eux pour que certains naturalistes aient cru devoir les regarder comme deux espèces différentes. L'unau n'a point de queue et n'a que deux ongles aux pieds de devant : l'aï porte une queue courte et trois ongles à tous les pieds.

Confinés à la motte de terre, à l'arbre sous lequel ils sont nés, ils ne peuvent parcourir que trois ou quatre mètres en une heure : on dirait des ébauches imparfaites de la nature. Ils ont beaucoup d'ennemis : les hommes et les animaux de proie les recherchent.

Certains naturalistes prétendent que l'unau et l'aï, si paresseux à terre, sont très agiles dès qu'ils se trouvent sur les arbres.

L'aï est de la taille d'un chat. Son nom lui vient de son cri plaintif : aï!

LES GERBOISES, LE GERBO

Nous indiquerons, comme caractère distinctif de ces animaux, la très grande disproportion qui se trouve entre les jambes de derrière et celles de devant, celles-ci

n'étant pas aussi grandes que les mains d'une taupe, et les autres ressemblant aux pieds d'un oiseau. Le gerbo a la tête faite à peu près comme celle du lapin, mais il a les yeux plus grands et les oreilles plus courtes. Il a le nez couleur de chair et sans poils, des moustaches noires et blanches autour de la gueule ; ses pieds de devant ne touchent jamais la terre, il ne s'en sert que comme de mains pour porter à sa gueule. Ces mains ont quatre doigts munis d'ongles et le rudiment d'un cinquième doigt sans ongles. Les pieds de derrière n'ont que trois doigts, garnis d'ongles. La queue est beaucoup plus longue que le corps. Les jambes sont nues et de couleur chair, aussi bien que le nez et les oreilles.

Les gerboises cachent ordinairement leurs mains ou pieds de devant dans leurs poils ; elles ne marchent pas en réalité, mais elles sautent avec légèreté et vitesse à environ un mètre de distance, et toujours debout comme les oiseaux. En repos, elles sont assises sur leurs genoux ; elles ne dorment que le jour et jamais la nuit. Elles mangent du grain et des herbes comme les lièvres. Elles se creusent des terriers comme les lapins. Elles habitent l'Arabie, la Syrie et les contrées sablonneuses du nord de l'Afrique.

LA MANGOUSTE OU RAT DE PHARAON

Particulier à l'Egypte, cet animal atteint la taille de

16 à 20 centimètres de long ; son corps est assez mince, ses pattes courtes et terminées par cinq doigts à ongles

aigus, sa peau sillonnée par douze à seize bandes d'un brun foncé : il habite au bord des eaux et se nourrit surtout de rats et de serpents.

En Egypte, la mangouste est domestique comme le chat l'est en Europe, et elle sert de même à prendre les souris et les rats ; elle chasse également les oiseaux, les quadrupèdes, les lézards et les insectes. Quand elle commence à ressentir les impressions du venin des serpents qu'elle a tués, elle va chercher une racine que les Indiens ont nommée de son nom et qu'ils disent être un des plus sûrs et plus puissants remèdes contre les morsures de la vipère et de l'aspic. Elle mange les œufs du crocodile, comme ceux des poules et des oiseaux ; elle tue et mange aussi les petits crocodiles.

L'ISATIS OU RENARD BLEU

Nous placerons l'isatis entre le renard et le chien. On le trouve surtout dans les terres du Nord voisines de

la mer Glaciale. S'il ressemble beaucoup au renard par la forme de son corps et par la longueur de sa queue, il ressemble plus au chien par la tête ; son pelage est blanc dans un temps et bleu cendré dans un autre. Sa voix tient de l'aboiement et du glapissement ; il se fait un terrier à plusieurs issues, où il porte de la mousse. Il mange des rats, des lièvres et des oiseaux ; il a pour ennemi le glouton, avec lequel il lui faut combattre, pour prendre les nids des canards et des oies.

LE GLOUTON

Le glouton, animal au corps bas et trapu, long d'un mètre, ressemble assez au blaireau par la forme ; sa fourrure, très estimée, est noire en dessus et d'un brun roux

ou gris en dessous. Il est originaire de la Laponie et des terres voisines de la mer du Nord, tant en Europe qu'en Asie. Il ne marche que d'un pas lent, mais la ruse supplée à la légèreté qui lui manque; il attend les animaux au passage, il grimpe sur les arbres pour se lancer dessus et les saisir avec avantage ; il se jette sur les élans et sur les rennes, leur entoure le corps et s'y attache si fort avec les griffes et les dents que rien ne peut l'en séparer : ces pauvres animaux font en vain les plus grands efforts pour se délivrer; l'ennemi, assis sur leur croupe ou sur leur cou, continue à leur sucer le sang, à les dévorer en détail jusqu'à ce qu'il les ait mis à mort. Il est, dit-on, inconcevable combien de temps le glouton peut manger de suite et combien il peut dévorer de chair en une seule fois. C'est le vautour des quadrupèdes.

LA ZIBELINE OU MARTE ZIBELINE

La zibeline ressemble à la marte commune, par la forme et l'habitude de son corps, et à la belette par ses dents; ses pieds sont larges et armés de cinq ongles. Elle habite le bord des fleuves, les lieux ombragés et les bois les plus épais; elle se trouve principalement en Sibérie. Elle saute très agilement d'arbre en arbre et craint fort le soleil, qui change, dit-on, en très peu de temps la couleur de son poil. Elle vit de rats, de poissons, de graines de pin et de fruits sauvages.

Les zibelines les plus noires sont les plus estimées. La différence qu'il y a entre cette fourrure et toutes les autres, c'est qu'en quelque sens qu'on pousse le poil, il obéit également, au lieu que les autres poils, pris à rebours, font sentir quelque raideur par leur résistance.

La chasse des zibelines se fait par des criminels confinés en Sibérie ou par des soldats qu'on y envoie exprès : les uns et les autres sont obligés de fournir une certaine quantité de fourrures, à laquelle ils sont taxés. La zibeline se défend toujours contre les hommes et les bêtes en mordant avec acharnement.

L'ORNITHORHYNQUE

Voici l'un des animaux les plus singuliers de la classe des mammifères, car à leur organisation il joint un bec d'oiseau analogue à celui du canard. Il a environ 35 centimètres de longueur ; son corps est couvert d'un poil roussâtre ; ses pieds, courts, sont palmés comme ceux du canard et terminés par cinq doigts. Chez le mâle, ces

doigts sont pourvus d'un ergot qui sécrète un venin dangereux. On a cru quelque temps que cet animal, encore peu connu, pondait des œufs comme un oiseau, mais il paraît qu'il est vivipare. La femelle dépose ses petits dans un terrier qu'elle creuse sur le bord d'un lac ou d'une rivière.

L'ornithorhynque vit de poissons qu'il prend en plongeant. Sa chair en exhale fortement l'odeur. Ainsi, cet animal bizarre joint au bec, attribut des oiseaux, les habitudes des amphibies, l'organisation des mammifères, et, par le poison qu'il sécrète, il rappelle les reptiles venimeux. Il habite l'Australie.

QUADRUMANES

Nous allons maintenant parler des principaux individus quadrumanes ou à quatre mains, avec le pouce séparé aux pieds de devant et de derrière : les makis, les singes, les sapajous, l'ouistiti, etc., ce sont les animaux les moins éloignés de l'homme physique pour les formes générales et l'organisation intérieure.

LES MAKIS : LE MOCOCO, LE MONGOUS, LE VARI

Les makis sont des animaux quadrumanes (à quatre mains) doués d'une très grande agilité et ressemblant beaucoup aux singes, dont ils ne diffèrent guère que par leur museau pointu, comme celui de la fouine, et leurs six dents incisives de la mâchoire inférieure, tandis que tous les singes n'en ont que quatre. Ils habitent l'Asie, l'Afrique et surtout Madagascar; ils forment plusieurs espèces : le mococo à queue annelée, le mongous ou maki brun, le vari ou maki pie.

Le *mococo* est remarquable par sa physionomie fine, sa forme élégante, son poil toujours propre et lustré, ses grands yeux, ses jambes de derrière beaucoup plus longues que celles de devant, et sa belle et longue queue toujours relevée, toujours en mouvement et sur laquelle on compte jusqu'à trente anneaux alternativement noirs ou blancs, tous bruns du haut et séparés les uns des autres. Il a des mœurs douces et ne ressemble au singe ni par la méchanceté ni par le naturel. Il s'apprivoise assez, mais son mouvement continuel force de le tenir à la chaîne. Il n'a pas le corps plus gros qu'un chat.

Le *mongous* est plus petit que le mococo; son poil est court et frisé; il fait entendre un coassement tout semblable à celui de la grenouille ; il y a des mongous qui ne sont pas plus grands que le loir.

Le *vari* est plus grand, plus fort et plus sauvage que le mococo : il montre même une farouche méchanceté ; quand deux varis se trouvent dans un bois, ils font autant de bruit que s'ils étaient une centaine ; leur voix ressemble

au rugissement du lion. Ils se distinguent par une cravate de poils fort longs autour du cou.

Les makis ont l'habitude, à en croire certains voyageurs, de prendre souvent devant le soleil une attitude d'admiration ou de plaisir. Ils s'asseyent et étendent les bras en regardant cet astre, vers lequel ils se retournent à mesure qu'il s'élève ou décline.

SINGES

Comme signes distinctifs de ces animaux, comme traits plus ou moins éloignés de leur ressemblance avec l'homme, il faut remarquer qu'ils ont de 32 à 36 dents ; des ongles plats à chacun de leurs quatre membres, terminés par des mains offrant un pouce séparé et plus ou moins opposable avec les autres doigts; leur visage, presque nu, est tantôt couleur de chair, tantôt noir; leurs narines sont tantôt très écartées, tantôt rapprochées comme les nôtres; leurs oreilles sont rarement bordées; il y a beaucoup de vivacité et de mobilité dans leurs yeux. Leur taille varie depuis celle de l'écureuil jusqu'à celle des hommes de six pieds (deux mètres). Dans les espèces de l'ancien continent, on remarque de grosses et laides callosités aux parties postérieures : leurs membres sont longs à l'excès, grêles, et n'approchent pas de l'admirable proportion des nôtres.

Certains singes n'ont pas de queue, d'autres en ont une, tantôt lâche, tantôt prenante; leurs mains sont recouvertes d'une peau ridée. En général, ils vivent de fruits; ils ont beaucoup d'instinct, de malice et de finesse; plusieurs se laissent apprivoiser et apprennent les tours les plus singuliers, grâce à leur facilité d'imiter tout ce qu'ils voient.

L'ORANG-OUTANG PONGO

De tous les singes, c'est celui qui se rapproche le plus de l'homme; il dort sur les arbres et se construit une hutte, un abri contre le soleil et la pluie; il vit de fruits et ne mange pas de chair : quand les nègres font du feu dans les forêts qu'il habite, il vient s'asseoir devant et se chauffe, mais il ne sait pas entretenir le feu en y mettant du bois; il va de compagnie et tue quelquefois des nègres dans les lieux écartés; il attaque même l'éléphant, le frappe à coups de bâton et le chasse de la forêt; on ne peut le prendre vivant, parce qu'il est si fort que des hommes ne suffiraient pas pour le dompter; on ne peut qu'attraper les petits tout jeunes; la mère les porte marchant debout, et ils se tiennent attachés à son corps avec les mains et les genoux. Il y a deux espèces d'orangs : le pongo, qui est aussi grand et plus gros qu'un homme, et le jocko, qui est beaucoup plus petit.

L'orang-outang n'a point d'abajoues, c'est-à-dire point de poches au dedans des joues; il a sur la tête des poils qui descendent en forme de cheveux des deux côtés des tempes. Il a treize côtes, tandis que l'homme n'en a que douze; la langue et les organes de la voix sont conformés comme les nôtres, mais il lui est impossible de parler. On rapporte qu'un de ces pongos, ayant pris un jeune nègre, l'emporta dans la forêt, sans lui faire le moindre

mal; à son retour, cet enfant raconta qu'il avait été bien traité par ces animaux.

Voici la description que Buffon donne d'un orang-outang apprivoisé: « Il marchait debout sur ses deux pieds, même en portant des choses lourdes; son air était assez triste, sa démarche grave, ses mouvements mesurés, son naturel doux. Le signe et la parole suffisaient pour le faire agir. Il présentait la main pour reconduire les gens qui venaient le visiter; il se mettait à table, déployait sa serviette, s'en essuyait les lèvres, se servait de cuiller, de fourchette, de verre, etc. Il aimait beaucoup les bonbons. » Un autre voyageur parle d'un singe qu'il vit à Java, et dit: « Il faisait tous les jours proprement son lit, s'y couchait sur un oreiller, et se couvrait d'une couverture...

Quand il avait mal à la tête, il se la serrait avec un mouchoir. Il allait souvent à la pêche aux huîtres; or il y a une espèce d'huîtres appelées *taclovo* qui pèsent plusieurs livres et qui sont ouvertes sur le rivage; comme il craignait, quand il voulait les manger, qu'elles ne lui attrapassent la patte en se refermant, il avait soin de jeter une pierre dans la coquille, ce qui empêchait les deux valves de se réunir. »

L'ORANG-OUTANG JOCKO

Ce qui distingue cet animal d'avec le précédent, c'est le défaut d'ongle au gros orteil des pieds ou mains postérieures, qui se trouve toujours dans l'espèce du pongo. Il en est de même de leurs habitudes naturelles : le pongo marche presque toujours debout sur ses deux pieds de derrière, tandis que le jocko ne prend cette attitude que rarement, et surtout lorsqu'il veut monter sur un arbre.

Un Portugais, ayant pris une femelle d'orang-outang jocko, la dressa si bien aux soins du ménage, qu'elle lui rendait presque tous les services d'un domestique.

LE GORILLE ET LE CHIMPANZÉ

Une nouvelle espèce d'orang, inconnue jusqu'à ce jour, a été tuée dans les forêts du Gabon, en Afrique.

Le corps, renfermé dans une énorme barrique de rhum, a été envoyé au muséum d'histoire naturelle de Paris, où on peut le voir empaillé.

Rien de plus étrange que cette figure de singe : une tête énorme, d'une forme singulière et différente de celle de tous les autres singes, un cou monstrueux, une large poitrine, des membres musculeux et annonçant, par leur grosseur, une force bien supérieure à celle de l'homme; des mains, dont les doigts sont d'une grosseur double des nôtres, un corps entièrement couvert de poils noirâtres : tels sont les traits principaux du gorille.

Le *chimpanzé*, de la taille d'un homme ordinaire, a la face nue, le museau court, le front arrondi, l'oreille externe très grande, mais de forme humaine, les mains munies d'ongles plats, point de queue ni d'abajoues. Il marche et grimpe avec facilité, s'apprivoise aisément, et ressemble par les mœurs et les habitudes aux grands singes dont nous venons de parler.

LE MAGOT

De tous les singes sans queue, c'est celui qu'on apporte le plus souvent en Europe, parce qu'il s'accommode le mieux de la température de notre climat. Il atteint environ un mètre de hauteur quand il est debout sur ses jambes de derrière; du reste, il marche plus volontiers à quatre pattes qu'à deux. Le bas de sa tête ressemble au museau du dogue; il a des abajoues; sa face est couverte de duvet; son poil, verdâtre sur le corps, prend une teinte d'un jaune blanchâtre sur le ventre.

Il apprend à danser, à gesticuler, à se laisser vêtir et coiffer. Il fait des tours de gymnastique, se bat avec les chiens et les chats, et souvent remporte sur eux la victoire.

On montrait, il n'y a pas longtemps encore, dans les rues de Paris, un magot qui savait en même temps siffler avec un flageolet, tourner la manivelle d'un orgue de Barbarie, battre de la grosse caisse, et enfin frapper l'une contre l'autre des cymbales retentissantes.

Le magot se trouve dans tous les climats chauds de l'ancien continent.

LE MANDRILL

Le mandrill passe généralement pour être le plus grand des singes après l'orang-outang; on le trouve dans les provinces méridionales de l'Afrique. On ne peut guère s'imaginer un être plus laid et plus dégoûtant.

LE MANGABEY

Il a pour signe distinctif et très apparent ses paupières nues et toutes blanches. Tantôt son poil est noir, mêlé de blanc et de brun foncé ; tantôt il porte un large collier de poils blancs autour du cou ; son caractère est doux,

familier, caressant, il a de l'attachement pour son maître, s'il n'en est pas maltraité.

Il n'est pas de singes plus pétulants ; toujours en action, ils prennent toutes les attitudes et souvent les plus grotesques ; ce sont surtout les mâles qui se font remarquer par leur agilité ; les femelles, plus calmes, sont aussi plus caressantes.

LA MONE

La mone est la plus commune des guenons ou singes à longue queue ; comme le magot, elle s'accoutume facilement à notre climat, quoiqu'elle soit originaire des pays chauds de l'Afrique et de l'Asie. Elle a une espèce de barbe blanche, jaune et noire ; le reste de son corps est à peu près de la même couleur mélangée.

On l'appelle encore *le vieillard*, *le singe varié*.

L'élégance dans les formes, la grâce dans les mouvements, la douceur dans le caractère, la finesse dans l'intelligence, la pénétration dans le regard, tout ce qui, dans

un animal de ce genre, peut le faire rechercher et inspirer pour lui de l'affection, la mone le possède.

Quoique vive jusqu'à la pétulance, elle n'a pas de méchanceté et s'attache aisément à son maître. Elle est même susceptible d'une certaine éducation, si toutefois on s'en fait craindre assez pour la forcer à obéir.

Elle a dans les traits une certaine gravité pleine de douceur. Contre l'habitude des autres singes, elle ne grimace jamais. Elle mange volontiers tout ce qu'on lui présente : de la viande cuite, du pain, des fruits et certains insectes : elle est particulièrement friande de fourmis et d'araignées. Son adresse et son agilité sont extrêmes, et néanmoins tous ses mouvements sont doux ; elle a une tendance au vol qu'aucune correction ne peut vaincre.

L'OUISTITI

C'est à son cri que cet animal doit son nom ; il ne dépasse guère la taille de notre écureuil ; sa queue a plus d'un mètre de long, et ressemble, par ses ornements noirs et blancs, à celle du mococo ; sa face est nue et couleur de chair ; deux toupets de longs poils blancs occupent le devant de ses oreilles ; ses yeux sont

d'un châtain rougeâtre ; il marche à quatre pattes. La mère porte ses petits sur son dos, auquel ils se cramponnent fortement quand elle est lasse, elle s'en débarrasse en se frottant contre les arbres, et c'est au tour du père de les porter. A l'état de domesticité, il se nourrit avec des biscuits, des fruits, des légumes, etc. ; il aime assez le poisson. On l'a vu se multiplier dans les contrées méridionales de l'Europe, et principalement en Portugal. Sa queue est lâche et non prenante.

LE GALAGO

Ce joli petit animal, de la taille d'un rat ordinaire, offre plusieurs singularités, et l'extensibilité de son oreille n'est pas le moins remarquable. La conque est grande, membraneuse, nue, et renferme deux petits oreillons. Lorsqu'il dort, ces deux oreillons s'appliquent sur le canal auditif, puis la conque se fronce à sa base, se raccourcit, s'affaisse sur elle-même, s'enfonce dans le poil de la

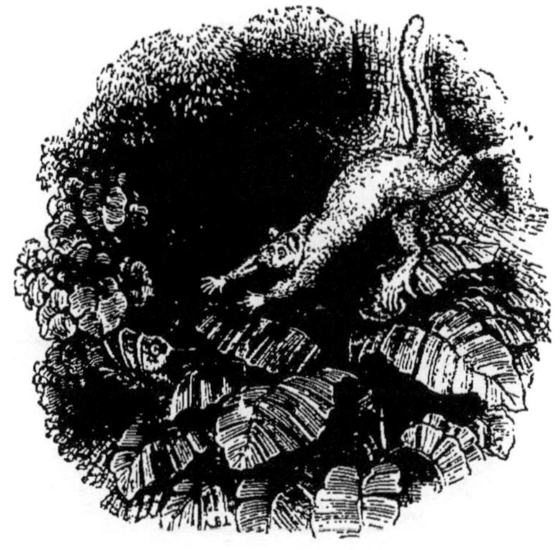

tête, et se replie au point de devenir invisible Lorsqu'il se réveille, ses oreilles se déploient et s'allongent par un mouvement brusque fort original.

La longueur des pieds de derrière donne au galago une grande facilité pour sauter d'arbre en arbre, aussi n'est-il pas d'animal plus vif et plus leste à s'élancer et à parcourir une forêt.

Lorsqu'il aperçoit un insecte, il le saisit au vol avec la rapidité de la flèche et le dévore avec la même prestesse.

Si le papillon vole trop haut, le galago saute verticalement et retombe à la même place en tenant son butin.

Il est fort doux et s'apprivoise facilement.

LE TITI

Ce charmant petit animal atteint à peine la taille d'un écureuil; sa queue est annelée de noir et de gris clair; son pelage est d'un gris foncé jaunâtre, ondé; la tête, les côtés et le dessus du cou sont noirs ou d'un brun roux; la face, la plante des pieds et la paume des mains sont couleur de chair; l'oreille est entourée d'une touffe de poils blancs, ou cendrés, ou noirs, raides et longs; il a une tache blanche au front.

Le titi habite la Guyane et le Brésil; partout il est recherché, non à cause de sa gentillesse, mais parce qu'il est joli et peu embarrassant.

Il aime à poursuivre de branche en branche les gros insectes et même les petits oiseaux dont il fait sa proie. Il adjoint à cette nourriture des fruits et des graines, mais seulement quand sa chasse ne réussit pas, car il a des habitudes carnassières.

Il lui arrive souvent de descendre des arbres et de chasser aux limaçons et aux petits lézards; il se hasarde même sur le bord des eaux pour saisir à l'improviste quelques poissons.

PHOCACÉS

Il nous reste, pour terminer les mammifères, à parler des phocacés, animaux amphibies, remarquables par leur museau conique, assez semblable à celui du chat, et sans défenses ; leurs oreilles peu saillantes, leurs lèvres garnies de moustaches ; antérieurement ils se rapprochent des quadrupèdes, et postérieurement des poissons ; leurs pieds de derrière ont la forme d'une nageoire ; ils n'ont point de bras ni d'avant-bras apparents, mais deux mains ou plutôt deux menbranes, deux peaux renfermant cinq doigts terminés par cinq ongles ; ils marchent mal, mais nagent bien ; ils ont des facultés qui leur sont communes avec les habitants de la terre et si supérieures à celles des poissons, qu'ils semblent, non seulement être d'un autre ordre, mais d'un monde différent ; aussi ces amphibies, quoique d'une nature très éloignée de celle de nos animaux domestiques, sont capables d'un certain degré d'éducation.

On les nourrit en les tenant souvent dans l'eau ; on leur apprend à saluer de la tête et de la voix ; ils s'accoutument à reconnaître leur maître : ils viennent quand on les appelle, et donnent des signes d'intelligence et de docilité ; leurs habitudes sont douces et sociales ; ils vivent indifféremment d'herbe, de chair et de poisson, et se trouvent aussi bien dans l'eau, sur la terre qu'au milieu des glaces ; leur climat naturel est le nord, quoiqu'ils puissent vivre aussi dans les pays tempérés et même chauds ; leur voix peut se comparer à celle d'un chien enroué ou au miaulement du chat.

Parmi les phoques proprement dits, nous citerons :

Le *Grand Phoque* ou *lion marin* qui a sur le nez une peau ridée mobile, en forme de crête qu'il gonfle dans la colère ; de tous les phoques il passe pour le plus doux, le plus craintif et le plus indolent. On raconte que des matelots montent sur ce phoque comme sur un cheval ; et quand il ne marche pas assez vite à leur gré, ils lui font doubler le pas en le frappant à coups de couteau. Le lion marin a, comme le lion terrestre, une crinière fauve, et tout le reste de son poil est court, lisse, luisant, et couché sur la peau.

Le *phoque à capuchon*, qui a pour signe distinctif un capuchon de peau, dans lequel il peut renfoncer sa tête

jusqu'aux yeux pour se garantir des tourbillons de sable et de neige.

Le *phoque commun* ou *veau marin*, dont les plus grands n'ont que sept à huit pieds de longueur.

Quand les phoques communs sont à terre, il y a toujours quelqu'un d'entre eux qui fait sentinelle ; au premier signal qu'il donne, tous se jettent dans la mer.

LE MORSE OU VACHE MARINE ET LE DUGONG

Le morse a, comme l'éléphant, deux grandes défenses d'ivoire qui sortent de la mâchoire supérieure ; de grosses soies en forme de moustaches garnissent l'intérieur de sa gueule; son corps est couvert d'un poil court; il habite les mêmes lieux que le phoque, et vit des mêmes

aliments; il est plus grand que lui, puisqu'il atteint communément jusqu'à quatre mètres de long.

On voit beaucoup de morses vers le Spitzberg. On les

tue sur terre avec des lances. On les chasse pour le profit qu'on tire de leurs dents et de leur graisse; l'huile en est presque aussi estimée que celle de la baleine. Leurs dents valent autant que toute leur graisse ; l'intérieur de ces dents a plus de valeur que l'ivoire, surtout les grosses, qui sont d'une substance plus compacte et plus dure que les petites. Une dent médiocre pèse trois livres, et un morse ordinaire fournit une demi-tonne d'huile.

Quand ces animaux sont blèssés, ils deviennent furieux, frappant de côté et d'autre avec leurs dents; ils brisent les armes ou les font tomber des mains de ceux qui les attaquent, et à la fin, enragés de colère, ils entourent les chaloupes, cherchent à les percer de leurs dents, ou à les renverser en frappant contre le bord.

Le *dugong*, qui habite surtout les mers des Indes orientales, est caractérisé par sa queue échancrée en forme de croissant, ses nageoires pectorales sans ongle, par ses dents qui ressemblent plutôt à de grandes incisives qu'à de vraies défenses, et se trouvent très rapprochées l'une de l'autre, tandis que les défenses du morse laissent entre elles un intervalle considérable. Les Malais mangent sa chair (1).

(1) Les cétacés devraient trouver leur description à la suite des phocacés, mais, ces animaux marins ayant entièrement la forme et les habitudes des poissons, nous avons pensé qu'il valait mieux les y joindre.

DEUXIÈME PARTIE

OISEAUX

OISEAUX DE PROIE

L'AIGLE COMMUN, OU GRAND AIGLE

Les aigles proprement dits sont caractérisés par leur bec sans dentelure et droit à sa base jusqu'auprès de l'extrémité, où il se courbe beaucoup; par leurs pieds robustes armés d'ongles tranchants, emplumés jusqu'à la base des doigts; par leur aile aussi longue que la queue, enfin par leur vue perçante. On en compte plusieurs espèces.

L'*aigle royal* est d'un brun noirâtre, moins foncé à la partie supérieure de la tête et sous le corps; la femelle, plus grande que le mâle, a plus d'un mètre de l'extrémité du bec au bout de ses ongles, et ses ailes étendues ont près de trois mètres. Il vole avec rapidité. Il chasse les lièvres, les agneaux, les faons, les enlève et les emporte dans son nid ou *aire*. Il attaque et tue de plus grands animaux, qu'il dévore sur place.

Il se trouve en France, en Allemagne, en Irlande, en Grèce, en Asie Mineure et en Perse. Il vit plus de cent ans et se laisse facilement apprivoiser.

L'aigle ne mange presque jamais son gibier en entier. Quelque affamé qu'il soit, il ne se jette jamais sur les cadavres. Il a les yeux étincelants et à peu près de la même couleur que ceux du lion, les ongles de la même forme, l'haleine tout aussi forte, le cri également effrayant.

L'aigle construit ordinairement son aire entre deux

rochers, dans un lieu sec et inaccessible. On assure que le même nid sert à l'aigle toute sa vie ; c'est, du reste, un ouvrage assez considérable pour n'être fait qu'une fois, il est construit à peu près comme un plancher, c'est un assemblage de bâtons d'environ un mètre de longueur et recouverts de plusieurs lits de joncs et de bruyère. Ce nid est assez large et assez solide pour soutenir non seulement l'aigle, sa femelle et ses petits, mais encore le poids d'une grande quantité de vivres.

On prétend que dès que les aiglons deviennent un peu grands, la mère tue le plus faible ou le plus vorace. La disette seule doit produire ce sentiment dénaturé. Dès que les petits commencent à être assez forts pour voler et se pourvoir eux-mêmes, le père et la mère les chassent au loin sans leur permettre jamais de revenir.

C'est de tous les oiseaux celui qui s'élève le plus haut.

L'*aigle impérial* est plus petit que l'aigle royal, de couleur moins foncée, et porte sur le dos de grandes plaques blanches qui lui ont fait donner le nom d'aigle à dos blanc.

LE PYGARGUE OU QUEUE BLANCHE

On reconnaît cet aigle à son plumage d'un brun sale ou cendré, sans aucune tache sur le corps et sur les ailes; d'un cendré brun assez clair au cou et à la partie supérieure de la tête; d'un blanc presque pur à la queue et au bec. Sa voracité est extrême, il se nourrit non seulement de poissons, mais d'oiseaux de mer et de petits animaux terrestres.

Le pygargue est plus féroce et moins attaché que l'aigle à ses petits, car il les chasse souvent hors du nid avant même qu'ils soient en état de se pourvoir.

L'ORFRAIE OU AIGLE DE MER

C'est une espèce d'aigle du genre pygargue, reconnaissable à son plumage brunâtre, à sa queue d'abord noirâtre et tachetée de blanc, puis blanchissant avec l'âge, et à la barbe de plumes qui lui pend sous le menton, ce qui lui a fait aussi donner le nom d'*aigle barbu*. Beaucoup de naturalistes regardent l'orfraie comme n'étant qu'un jeune pygargue. L'orfraie a les yeux couverts d'un petit nuage, il est probable qu'il n'a pas la vue aussi nette ni aussi perçante que les aigles.

Comme cet oiseau est des plus grands, que par cette raison il produit peu, qu'il ne pond que deux œufs une fois par an, et que souvent il n'élève qu'un petit, l'espèce n'en est nombreuse nulle part, mais elle est assez répandue en Europe et dans toute l'Amérique septentrionale.

LES VAUTOURS

Les vautours sont reconnaissables à leur tête petite, armée d'un bec allongé très robuste, recourbé seulement vers la pointe ; à leur cou long, dénudé et garni à la

base d'un collier de duvet ou de longues plumes ; à leurs pieds couverts de petites écailles ; à leurs ailes fort longues ; à leur queue courte ; à leur vol oblique, tournoyant, lourd et contenu ; à leur odeur infecte. Lâches autant que voraces, ils ne s'attaquent qu'aux petits animaux ; à défaut de proie vivante, ils mangent de la chair en putréfaction.

Nous parlerons des principaux vautours.

LE GRIFFON

Cet oiseau est long d'environ quatre-vingts centimètres ; il a le corps plus gros et plus long que le grand aigle, surtout en y comprenant les jambes, qui ont 35 à 40 centimètres. Il a, au bas du cou, un collier de plumes blanches ; sa tête est couverte de plumes pareilles, qui font une petite aigrette par derrière. Il a les yeux à fleur de tête, avec de grandes paupières, toutes deux également mobiles et garnies de cils, et l'iris d'un bel orangé ; le bec long et crochu, noirâtre à son extrémité, bleuâtre dans son milieu.

Il est encore remarquable par un grand creux qui est en haut de l'estomac, et dont toute la cavité est garnie de poils qui tendent de la circonférence au centre.

LE GRAND VAUTOUR

Le grand vautour est plus gros et plus grand que l'aigle commun, mais un peu moins que le griffon ; il a une espèce de cravate blanche qui part des deux côtés de la tête, s'étend en deux branches jusqu'au bas du cou ; ses pieds sont couverts de plumes brunes, et ses doigts sont jaunes.

LE CONDOR OU VAUTOUR DES ANDES

Le condor mâle a sur la tête une crête cartilagineuse, garnie de petites pupilles rondes de couleur rouge violet ou violet presque noir. L'arrière de la tête et le cou, le dessous de la gorge et le jabot sont nus comme chez les vautours proprement dits et de la couleur de la tête. Tout le plumage du corps est d'un noir grisâtre ; le reste blanc. Les ailes du condor ont jusqu'à deux mètres d'envergure et son corps a près d'un mètre de long.

Il se trouve sur les plus hauts sommets de la chaîne des Andes, à la limite des neiges, et ne descend guère dans les vallées que pour y chercher sa proie. Son bec est si fort qu'il peut percer la peau d'une vache ; et deux condors en peuvent tuer et manger une ; ils ne s'abstiennent même pas des hommes. Heureusement ces oiseaux sont en petit nombre, autrement ils détruiraient tout le bétail ; leur chair est coriace et sent la charogne.

Certains naturalistes rangent le condor parmi les aigles.

LE SERPENTAIRE

Le serpentaire est ainsi nommé parce qu'il fait des serpents sa principale nourriture. Il a la hauteur d'une grande grue, un mètre environ, et la grosseur du coq d'Inde ; ses couleurs sur la tête, le cou et les ailes, sont d'un gris brun. Les plumes de sa huppe sont noires, grises ; toutes assez étroites vers la base et plus largement barbées vers la pointe. La jambe, un peu au-dessus du genou, est dégarnie de plumes et recouverte ainsi que les pieds d'écailles larges et résistantes ; les doigts sont gros et courts, armés d'ongles crochus ; le cou est gros et épais, la tête grosse, le bec fort et tendu jusqu'au delà des yeux, la partie supérieure du bec est fortement arquée comme celle de l'aigle.

La manière dont ils chassent les serpents est assez curieuse. Au moment où le reptile se dresse contre le serpentaire, celui-ci, développant une de ses ailes, la ramène devant lui et en couvre, comme d'une égide, ses jambes et la partie inférieure de son corps. Le serpent s'élance ; l'oiseau bondit, frappe et recule, sautant en tous sens d'une façon vraiment comique pour le spectateur, et revient au combat en présentant toujours à la dent venimeuse de son adversaire le bout de son aile défensive ; et pendant que celui-ci épuise sans succès son venin à mordre les plumes insensibles, l'oiseau lui détache des coups vigoureux avec son autre aile. Enfin le

reptile, étourdi, chancelle, roule dans la poussière où il est saisi avec adresse et lancé en l'air à plusieurs reprises, jusqu'au moment où, épuisé et sans force, l'oiseau lui brise le crâne à coups de bec, et l'avale tout entier, à moins qu'il ne soit trop gros ; dans ce cas, il le dépèce en le tenant sous ses doigts.

Bien que le midi de l'Afrique soit la patrie du serpentaire, cet oiseau paraît s'accommoder assez bien du climat de l'Europe, et on a pu en conserver dans les ménageries.

Le nid des serpentaires est construit en forme d'aire et plat comme celui de l'aigle ; il est garni en dedans de laines et de plumes. Le même nid sert plusieurs années au même couple. Les petits sont longtemps avant de prendre leur essor ; en revanche, lorsqu'ils ont atteint leur accroissement, ils courent d'une vitesse extrême, et même, lorsqu'ils sont poursuivis, ils courent plus souvent qu'ils ne s'envolent.

Cet oiseau est d'un naturel gai, paisible et même timide.

LE MILAN ET LA BUSE

Oiseaux ignobles, immondes et lâches, les milans et les buses doivent suivre les vautours, auxquels ils ressemblent par le naturel et les mœurs. Partout ils sont

La buse. Le milan.

beaucoup plus communs, plus incommodes que les vautours ; ils fréquentent plus souvent et de plus près les lieux habités. Ils font leur nid dans des endroits plus accessibles ; ils restent rarement dans les déserts, et préfèrent aux montagnes les plaines et les collines fertiles.

Le milan est reconnaissable à son bec robuste incliné à la base ; à ses narines obliques, percées dans un arc nu ; à ses ailes fort longues atteignant quelquefois jusqu'à la queue qui est échancrée ou étagée ; à ses pieds courts terminés par des ongles robustes. Il a la vue et le vol si sûrs qu'il saisit en l'air des morceaux de viande qu'on lui jette. On connaît son manque de courage : il fuit devant l'épervier plus petit que lui, et n'ose disputer sa proie au corbeau.

Très commune en France, la buse a l'iris des yeux d'un jaune pâle et presque blanchâtre ; les pieds jaunes, ainsi que la membrane qui couvre la base du bec, et les ongles noirs.

Cet oiseau demeure pendant toute l'année dans nos forêts. Il ne saisit pas sa proie au vol ; il reste sur un arbre, un buisson ou une motte de terre, et de là se jette sur tout le petit gibier qui passe à sa portée ; il dévaste les nids de la plupart des oiseaux ; il se nourrit aussi de grenouilles, de lézards, de serpents, de sauterelles, etc., lorsque le gibier lui manque.

LA BONDRÉE

Aussi grosse que la buse, la bondrée pèse environ deux livres. Son bec est un peu plus long : la peau nue qui en couvre la base est jaune, épaisse et inégale ; les narines sont longues et courbées : lorsqu'elle ouvre le bec, elle montre une bouche très large et de couleur jaune. L'iris des yeux est d'un beau jaune ; les jambes et les pieds sont de la même couleur, et les ongles forts et noirâtres.

La bondrée se tient ordinairement sur les arbres en plaine pour épier sa proie. Elle prend les mulots, les grenouilles, les lézards, les chenilles et les autres insectes. Elle ne vole guère que d'arbre en arbre et de buisson en buisson, toujours bas et sans s'élever comme le milan. On tend des pièges à la bondrée, parce qu'en hiver elle est très grasse et assez bonne à manger.

L'ÉPERVIER

L'épervier reste toute l'année dans notre pays : pendant la plus mauvaise saison de l'hiver, il est très maigre et ne pèse que 200 grammes. Le volume de son corps est à peu près le même que celui d'une pie. La femelle est beaucoup plus grosse que le mâle ; elle fait son nid sur

les arbres les plus élevés des forêts, elle pond ordinairement quatre ou cinq œufs, qui sont tachés d'un jaune rougeâtre vers les bouts.

Au reste, l'épervier, tant mâle que femelle, est assez docile; on l'apprivoise aisément, et on peut le dresser pour la chasse des perdreaux et des cailles; il prend aussi des pigeons séparés de leur compagnie, et fait une prodigieuse destruction des pinsons et des autres petits oiseaux qui se mettent en troupes pendant l'hiver. En général, l'espèce se trouve répandue dans l'ancien continent.

L'AUTOUR

L'autour est un peu plus grand que la buse, à laquelle il ressemble. Son plumage est brun en dessus, et blanc rayé de brun en dessous. Il n'y a que la femelle qui s'appelle *autour;* le mâle se nomme *tiercelet*; et comme il y a d'autres oiseaux de proie dont les mâles s'appellent

ainsi, il faut dire *tiercelet d'autour* pour le distinguer.

Quoique le mâle soit plus petit que la femelle, il est plus féroce et plus méchant; ils se battent souvent ensemble à coups de griffes; leur naturel est si sanguinaire que quand on laisse un autour avec plusieurs faucons, il les égorge tous les uns après les autres. Cependant il semble manger de préférence les souris, les mulots et les oiseaux : il se jette avidement sur la chair saignante.

Il plume les oiseaux fort proprement, et ensuite les dépèce avant de les manger, au lieu qu'il avale les souris tout entières.

LE GERFAUT

Tant par sa figure que par le naturel, le gerfaut doit être regardé comme le premier de tous les oiseaux de la fauconnerie, car il les surpasse de beaucoup en grandeur. Ces oiseaux de chasse noble sont : les gerfauts, les faucons, les sacres, les laniers, les hobéreaux, les émerillons et les crécerelles. Le gerfaut diffère spécifiquement de l'autour par le bec et les pieds, qu'il a bleuâtres, et par son plumage, qui est brun sur toutes les parties supérieures du corps, blanc taché de brun sur toutes les parties inférieures.

Le Gerfaut est commun en Irlande et dans le Groënland.

LE FAUCON

Le faucon a pour caractères distinctifs : les ailes aiguës, le bec robuste, courbé dès sa base, et denté ; la tête plate, la langue charnue, les jambes emplumées, les ongles forts, le corps épais. Le faucon commun ou pèlerin, long de 50 à 55 centimètres, d'un plumage noirâtre, gris brun et blanchâtre, se trouve dans toute l'Europe.

Les ailes de faucon sont, en général, aussi longues que leur queue. Leur vol est très rapide ; on en a vu parcourir des distances de plusieurs centaines de lieues, avec une vitesse soutenue de 20 lieues à l'heure. Leur marche, est sautillante et maladroite, parce que leurs longs doigts, armés d'ongles courbes, se posent mal sur le sol.

Ce sont les plus courageux des oiseaux de proie diurnes.

LA CRÉCERELLE

La crécerelle est l'oiseau de proie le plus commun dans la plupart de nos provinces de France, et surtout en Bourgogne : il n'y a point d'ancien château ou de tour abandonnée qu'elle ne fréquente et qu'elle n'habite ; c'est surtout le matin et le soir qu'on la voit voler autour de ces vieux bâtiments, on entend son cri précipité, *pli*, *pli*. ou *pri*, *pri*, *pri*, qu'elle ne cesse de répéter en volant, et qui effraie tous les petits oiseaux, sur lesquels elle fond comme une flèche, et qu'elle saisit avec ses serres.

LE GRAND-DUC

Le grand-duc, dont le corps est plus grand que celui de la buse, se reconnaît à son plumage fauve, tacheté de raies ; au disque de plumes incomplet qui garnit le tour de ses yeux, et qui est susceptible de se redresser ; à son bec courbé dès la base ; aux larges et profondes cavernes de ses oreilles, et aux deux aigrettes qui surmontent sa tête.

Il vit solitaire dans les forêts de l'Europe et de l'Afrique. Il se trouve aussi en France. Son cri effrayant, *huihou*, *houhou*, *bouhou*, *pouhou*, retentit dans le silence de la nuit, lorsque tous les autres animaux se taisent. On le regarde avec raison comme l'aigle de la nuit et comme le roi de cette tribu d'oiseaux qui craignent la lumière du jour et ne volent que dans les ténèbres. Il habite les rochers et les vieilles tours abandonnées, situées au-dessus des montagnes. Il descend rarement dans les plaines, et ne se perche pas volontiers sur les arbres, mais sur les églises écartées et sur les vieux châteaux. Sa chasse la plus ordinaire est celle des jeunes lièvres, des lapins, des taupes, des mulots, des souris, des serpents, des lézards, des crapauds, des grenouilles, et il en nourrit ses petits ; il chasse alors avec tant d'activité, que son nid regorge de provisions.

LE HIBOU OU MOYEN-DUC

Le hibou ou moyen-duc a, comme le grand-duc, les oreilles fort ouvertes et surmontées d'une aigrette composée de six plumes tournées en avant; mais il n'est pas plus gros qu'une corneille. Le dessus de la tête, du cou, du dos et des ailes est rayé de gris, de roux et de brun; la poitrine et le ventre sont roux, avec des bandes brunes, irrégulières et étroites; le bec est court et noirâtre; les yeux sont d'un beau jaune; les pieds sont couverts

de plumes rousses jusqu'à l'origine des ongles; les ongles sont très aigus et très tranchants. L'espèce en est commune et beaucoup plus nombreuse dans nos climats que celle du grand-duc; le moyen-duc y reste toute l'année, et se trouve même plus aisément en hiver qu'en été : il habite ordinairement dans les anciens bâtiments ruinés, dans les cavernes, dans le creux des vieux arbres, dans les montagnes.

LA HULOTTE ET LE CHAT-HUANT

Tel est le nom qu'on a donné à la plus grande de toutes les chouettes ; elle a la tête très grosse, bien arrondie et sans aigrettes ; la face enfoncée et comme encavée dans sa plume ; les yeux aussi enfoncés et environnés de plumes grisâtres ; le dessus du corps couleur gris de fer foncé, marqué de taches noires et de taches blanchâtres ; son cri *hou ou ou ou ou ou ou*, ressemble assez au hurlement du loup.

Elle chasse et prend les petits oiseaux, et plus encore les mulots et les campagnols.

Le *chat-huant* se reconnaît à ses yeux bleuâtres, au disque complet qui entoure ses yeux, à son plumage noué, à son cri *hoho*, *hoho*, *ho ho ho ho*. Il vit de taupes, de rats, de mulots, de grenouilles, etc. On le trouve surtout dans les bois et dans les arbres creux.

L'EFFRAIE

Cet oiseau est ainsi appelé à cause de l'effroi qu'inspire son cri dans les campagnes ; on reconnaît l'effraie à son bec crochu, à son dos nuancé de fauve ou de brun, moucheté de points blancs et noirs, à son ventre brun ou fauve. Elle est un peu plus grosse que le pigeon, et se trouve communément dans toute la France. Elle vit dans les tours et les clochers ; elle mange les chauves-souris, les rats, les musaraignes et les insectes.

On la distingue aisément des autres chouettes par la beauté de son plumage.

PASSEREAUX

LA PIE-GRIÈCHE ET LE MERLE

Vous reconnaîtrez les *pies-grièches* à leur bec conique et comprimé plus ou moins crochu par le bout, et garni à la base de poils rudes rangés en avant. Les pies-grièches proprement dites ont le bec triangulaire à la base.

Les *merles* comprenant les grives, les moqueurs, etc., sont remarquables par leur bec long, fort arqué et comprimé, assez élevé, échancré à la pointe, qui n'est point recourbé en crochet, par des ailes médiocres, une queue ample et carrée, de moyenne longueur. Les merles sont presque tous des oiseaux chanteurs.

La pie-grièche.

Le mâle adulte, dans cette espèce, est encore plus noir que le corbeau; excepté le bec, le tour des yeux, le talon et la plante du pied, qu'il a plus ou moins jaunes, il est noir partout et dans tous les aspects; aussi les Anglais l'appellent-ils l'oiseau noir par excellence. La femelle, au contraire, n'a point de noir décidé dans tout son plumage.

Les merles ne s'éloignent pas seulement du genre de grive par la couleur du plumage, mais encore par leur cri et par quelques-unes de leurs habitudes. Ils ne voyagent ni ne vont en troupes comme les grives. Plus sauvages entre

Le merle.

eux, ils le sont moins à l'égard de l'homme. Ils passent pour être fins, parce qu'ayant la vue perçante, ils découvrent les chasseurs de fort loin, et se laissent approcher difficilement.

On les élève à cause de la facilité qu'ils ont de perfectionner leur chant naturel, de retenir les airs qu'on leur apprend, d'imiter différents bruits, différents sons d'instruments, et même de contrefaire la voix humaine.

Ces oiseaux ne changent point de contrée pendant l'hiver, mais ils choisissent, dans celle qu'ils habitent, les bois les plus épais, surtout ceux où il y a des fontaines chaudes, et qui sont peuplés d'arbres toujours verts.

Les merles sauvages se nourrissent, outre cela, de toutes sortes de baies, de fruits et d'insectes. Il n'est guère de pays où cet oiseau ne se trouve, plus ou moins différent de lui-même.

LE LORIOT

Le loriot est à peu près de la grosseur du merle ; le mâle est d'un beau jaune sur tout le corps, le cou et la tête, à l'exception d'un trait noir qui va de l'œil à l'ouverture du bec ; les ailes sont noires, à quelques taches jaunes près : la queue est aussi mi-partie de jaune et de noir ; mais tout ce qui est d'un noir décidé dans le mâle n'est que brun dans la femelle, avec une teinte verdâtre ; et presque tout ce qui est d'un si beau jaune dans celui-là est dans celle-ci olivâtre, jaune pâle, ou blanc.

Lorsqu'ils arrivent au printemps, ils font la guerre aux insectes, et vivent de scarabées, de chenilles, de vermisseaux ; mais leur nourriture de choix, ce sont les cerises, les figues, les baies de sorbiers, les pois, etc. Il ne faut que deux de ces oiseaux pour dévaster en un jour un cerisier bien garni.

LA GRIVE, LA DRAINE ET LA LITORNE

La grive est reconnaissable à son plumage *grivelé*, c'est-

La grive.

à-dire marqué de petites taches noires ou brunes, principalement sur le devant et le dessous du corps. La *grive ordinaire* ou grive chanteuse est d'un brun olivâtre en dessus, d'un blanc roussâtre tacheté de noir en dessous.

La *draine* a le dessus du corps d'un brun cendré, le dessous jaunâtre, avec des taches brunes en fer de lance. Sa chair est moins recherchée que celle de la grive.

La litorne.

Elle est plus méfiante que les merles, et ne se laisse jamais prendre à la pipée.

La *litorne* diffère des autres grives par ses pieds d'un brun foncé, et par la couleur cendrée de la tête et du cou.

Lorsque les litornes se sont réunies par bandes, elles voyagent et se répandent dans les prairies sans se séparer; elles se jettent aussi toutes ensemble sur un même arbre, à certaines heures du jour, ou lorsqu'on les approche de trop près.

LE GOBE-MOUCHES

Les gobe-mouches offrent ce point de ressemblance avec les pies-grièches, qu'ils ont à la base du bec de longs poils hérissés; on les trouve dans tout le globe. Ils arrivent au printemps dans les pays tempérés, et partent en automne après avoir niché. Ils vivent dans les lieux retirés, sur le sommet des plus hauts arbres; on les nomme encore *moucherolles tyrans*. Les uns sont plus petits que le rossignol, les autres approchent de la taille de la pie-grièche. Ces oiseaux prennent le plus souvent leur nourriture en volant, et ne se voient que rarement à terre.

Leur voix n'est pas un chant, mais un accent plaintif très aigu, roulant sur une consonne aigre, *crri*, *crri*. Ils paraissent sombres et tristes.

LES GROS-BECS

Ces oiseaux sont reconnaissables à leur bec court et robuste ; à leurs narines rondes, cachées souvent en partie par les plumes du front ; à leurs ailes et à leur queue courtes, et à leur corps trapu. Ils vivent de baies et de graines, rarement d'insectes.

Nous citerons les plus connus :

Le *gros-bec* proprement dit, cet oiseau solitaire, sauvage, qui n'a ni chant ni ramage. Il défend ses petits courageusement. On le voit presque toute l'année dans plusieurs de nos provinces méridionales.

L'*ortolan*, plus célèbre par la délicatesse de sa chair que par la beauté de son ramage ; cependant il chante agréablement, et mérite d'être élevé, non seulement pour la table, mais encore pour le chant. Il arrive d'ordinaire dans le nord de la France en même temps que les hirondelles. Il y a des ortolans fauves, de blancs, de noirâtres ; ordinairement ils sont roux.

Le *bruant* mâle, remarquable par l'éclat des plumes jaunes qui ornent le sommet de sa tête et la partie inférieure du corps. Son cri ordinaire se compose de sept notes, dont les six premières égales et sur le même ton, et la dernière plus aiguë et plus traînée, *ti*, *ti*, *ti*, *ti*, *ti*, *ti*, *ti*. Il fait son nid à terre. La femelle couve ses œufs avec tant d'affection que souvent elle se laisse prendre à la main en plein jour.

Les *veuves*, qui se trouvent en Afrique et en Asie ; on les reconnaît à leur longue queue et à leur joli ramage. On raconte que les veuves font leur nid avec du coton, que ce nid a deux étages, que le mâle habite l'étage supérieur, et que la femelle couve au rez-de-chaussée.

Le nom de *veuves* paraît leur être venu du noir qui domine dans leur plumage, ou de leur queue traînante.

Les *bengalis* et les *sénégalis*, qui changent de couleur dans la mue, et dont le plumage varie du noir au bleu, au vert, au jaune et au rouge. Ce sont des oiseaux familiers et destructeurs, en un mot, de vrais moineaux.

LE BOUVREUIL

Il a reçu de la nature un beau plumage et une belle voix; le plumage a toute sa beauté, après la mue; mais la voix a besoin des secours de l'art pour acquérir sa perfection : lorsque l'homme daigne se charger de son éducation et lui faire entendre avec méthode des sons moelleux et bien filés, l'oiseau docile, non seulement les imite avec justesse, mais quelquefois les perfectionne et surpasse son maître ; il apprend aussi à parler sans beaucoup de peine. Le bouvreuil est très capable d'attachement personnel : on en a vu qui, ayant été forcés de quitter leur premier maître, se sont laissés mourir de faim.

LE PINSON

Ayant beaucoup de force dans le bec, le pinson sait très bien s'en servir pour se faire craindre des autres oiseaux, comme aussi pour pincer jusqu'au sang les personnes

qui le tiennent ou qui veulent le prendre, et c'est pour cela qu'il a reçu le nom de pinson.

Le pinson est un oiseau très vif : on le voit toujours en mouvement, et cela, joint à la gaieté de son chant, a donné lieu sans doute à la façon de parler proverbiale, *gai comme pinson*. Il commence à chanter de fort bonne heure au printemps, et plusieurs jours avant le rossignol; il finit vers le solstice d'été.

LE MOINEAU ET LE FRIQUET

Notre moineau est connu de tout le monde ; mais il y a dans cette même espèce des variétés particulières et accidentelles; car on trouve quelquefois des moineaux blancs, d'autres variés de blanc, d'autres presque tout noirs, et d'autres jaunes.

Les moineaux sont, comme les rats, attachés à nos habitations ; ils ne se plaisent ni dans les bois, ni dans les vastes campagnes ; on a même remarqué qu'il y en a plus dans les villes que dans les villages. Ils suivent la société pour vivre à ses dépens ; comme ils sont paresseux et gourmands, c'est sur des provisions toutes faites, c'est-à-dire sur le bien d'autrui, qu'ils prennent leur subsistance, et comme ils sont aussi voraces que nombreux, ils ne laissent pas de faire plus de tort que leur espèce ne vaut ; car leur plume ne sert à rien, leur chair n'est pas bonne à manger et leur voix blesse l'oreille.

Ce qui les rendra éternellement incommodes, c'est non seulement leur très nombreuse multiplication, mais encore leur défiance, leur finesse, leur ruse et leur opiniâtreté à ne pas désemparer des lieux qui leur conviennent.

Par contre, si le moineau grapille les arbres fruitiers, il les purge, en même temps, d'une quantité d'insectes nuisibles.

Le *friquet*, plus petit que le moineau commun, a le sommet de la tête rouge-bai, le dessus du dos et du cou noué de noir et de roussâtre, la gorge noire et le ventre d'un gris blanc.

Cet oiseau, même perché, a l'habitude d'agiter toujours sa queue, de frétiller ; de là le nom de friquet. Il est moins familier que le moineau.

LE SERIN

Si le rossignol est le chantre des bois, le serin est le musicien de la chambre. Avec moins de force d'organe moins d'étendue dans la voix que le rossignol, le serin a plus d'oreille, plus de facilité d'imitation, plus de mémoire; il est aussi plus sociable, plus doux, plus familier; il est capable de connaissance et même d'attachement. On l'instruit avec succès; il se prête à l'harmonie de nos voix et de nos instruments; il apprend même à parler et à siffler.

LA LINOTTE

La linotte doit son nom à sa friandise pour la graine du lin; elle vit en société et voyage de compagnie. L'été, on la trouve surtout à la lisière des bois, sur les haies et

sur les buissons; l'hiver, elle vient dans les lieux découverts. Elle s'apprivoise aisément et peut apprendre des airs et même répéter des paroles. L'étourderie de la linotte est devenue proverbiale. Il est peu d'oiseaux aussi communs ; mais il en est peut-être encore moins qui réunissent autant de qualités : ramage agréable, couleurs distinguées, naturel docile et susceptible d'attachement. La belle couleur rouge de sa tête et de sa poitrine s'efface par degrés et s'éteint bientôt dans nos cages et nos volières.

LE CHARDONNERET

Beauté du plumage, douceur de la voix, finesse de l'instinct, adresse singulière, docilité à l'épreuve, ce charmant petit oiseau réunit tout, et il ne manque que d'être

rare et de venir d'un pays éloigné pour être estimé ce qu'il vaut. Le rouge cramoisi, le noir velouté, le blanc, le jaune doré, sont les principales couleurs qu'on voit briller sur son plumage.

Les mâles ont un ramage très agréable et très connu : ils commencent à le faire entendre vers les premiers jours de mars, et ils continuent pendant la belle saison.

Ces oiseaux sont, avec les pinsons, ceux qui savent le mieux construire leur nid, en rendre le tissu solide, lui donner une forme plus arrondie.

Le chardonneret est un oiseau actif et laborieux. S'il n'a pas quelques têtes de pavots, de chanvre ou de chardons à éplucher pour le mettre en action, il portera et rapportera sans cesse tout ce qu'il trouvera dans sa cage. On ne croirait pas qu'avec tant de vivacité, le chardonneret fût si doux et même si docile. On peut lui apprendre toutes sortes de tours : à faire le mort, à allumer un pétard, à tenir un bâton entre son corps et une de ses pattes, à tirer un petit seau où l'on met son manger, etc.

L'ÉTOURNEAU OU SANSONNET

Les merles sont de tous les oiseaux ceux avec qui l'étourneau a le plus de rapport; mais on reconnaît que

l'étourneau diffère du merle par les mouchetures et les reflets de son plumage, par la conformation de son bec plus plat.

L'étourneau apprend à siffler, à parler indifféremment quelques mots de français, d'allemand, de grec, de latin, etc.

L'OISEAU DE PARADIS OU PARADISIER

Originaire de la Papouasie et des îles voisines, l'oiseau de paradis est remarquable par les plumes de ses flancs, effilées et neigeuses, qui forment des panaches plus longs que le corps et brillent des plus riches reflets ; la tête et la gorge sont couvertes d'une espèce de velours formé par de petites plumes droites, courtes, fermes et serrées et de diverses couleurs ; les plumes du front cachent les narines. Il vit au fond des forêts, perché sur des

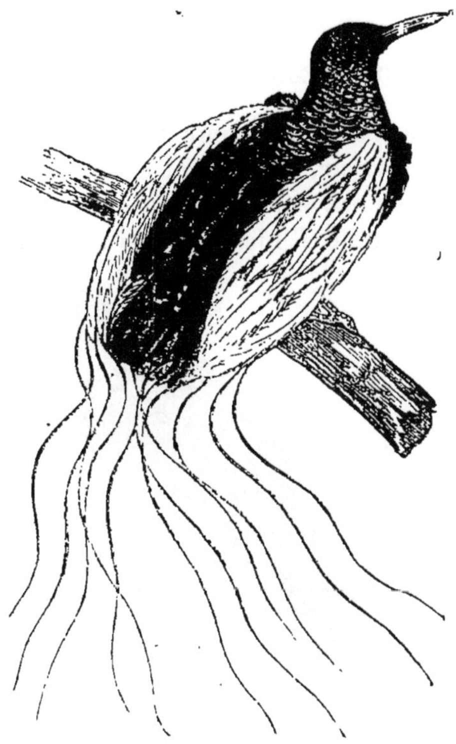

arbres très élevés et se nourrit d'insectes et de fruits. On a cru longtemps, et à tort, que cet oiseau n'avait point de pieds, parce qu'on l'envoie tout préparé en Europe, après les lui avoir coupés. On cite parmi les espèces les plus remarquables : l'*oiseau de paradis émeraude,* grand comme notre grive, à panache jaune d'or ; la *manucade,* grand comme notre moineau, à panache blanc et vert ; *le sifilet*, grand comme un merle, avec trois plumes en filet à chaque oreille.

LES CORVIDÉS

Les oiseaux de cette famille sont remarquables par leur bec fort, leurs narines couvertes de poils et de plumes, ainsi que par leur grande taille.

LE CORBEAU ET LA CORNEILLE

Cet oiseau, de la grosseur d'une poule, d'un plumage généralement noir, est surtout connu par sa voracité : sa vue et son odorat sont excellents ; il vole haut et d'une manière soutenue. Il niche sur les arbres les plus élevés,

sur les rochers escarpés, ou bien dans les châteaux en ruines. Pendant l'hiver et à l'époque des semailles, les corbeaux vont par troupes dans les campagnes. Ils vivent très vieux. On en a vu qui avaient vécu plus d'un siècle.

Le corbeau a le talent d'imiter le cri des autres animaux et même la parole de l'homme.

La *corneille* ressemble beaucoup au corbeau par sa forme et son plumage ; elle est pourtant d'une famille différente.

LA PIE, LE GEAI ET LE ROLLIER

La pie a beaucoup de ressemblance à l'extérieur avec la petite corneille qui ne diffère du grand corbeau que par la grosseur ; elle a encore avec elle d'autres rapports plus intimes dans l'instinct, les mœurs et les habitudes naturelles.

On a tiré parti de son appétit pour la chair vivante en la dressant à la chasse. L'hiver, elle vole par troupes, et

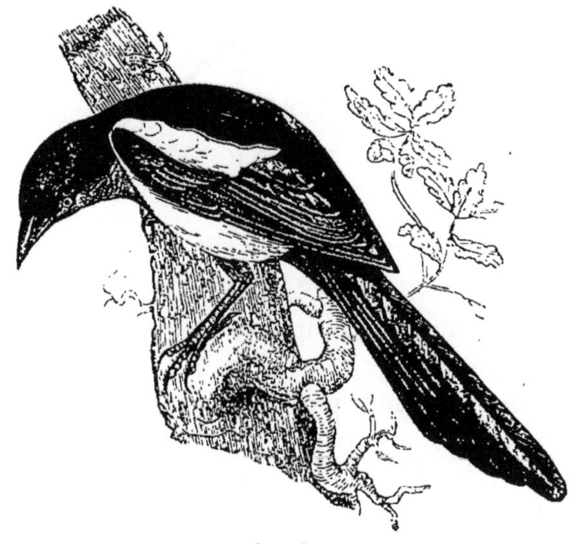

La pie.

s'approche des lieux habités. Elle s'accoutume aisément à la vue de l'homme, elle devient bientôt familière dans la maison.

Elle jase à peu près comme la corneille, et apprend aussi à contrefaire la voix des autres animaux et la voix de l'homme. On croit généralement qu'elle annonce la pluie quand elle jase plus qu'à l'ordinaire. Elle a aussi comme la corneille l'instinct du vol.

Le *geai* ressemble beaucoup à la pie sous le rapport des habitudes et du naturel ; il est surtout reconnaissable à son plumage d'un gris ardoisé, à ses ailes variées agréablement de noir, de bleu et de blanc. Il habite les buissons et niche sur les arbres et sur les taillis. Il vit de glands, de noisettes, de faînes, d'insectes, etc. On le

Le rollier.

trouve dans toute l'Europe. Il contrefait le cri de plusieurs oiseaux.

Le *rollier* tient de la pie, du geai et du martin-pêcheur; il a le dessus de la tête et le haut du cou d'un bleu clair, à reflets verts, le dos fauve, les ailes d'un bleu violet éclatant, avec les parties inférieures d'un bleu plus ou moins foncé. Il niche sur les arbres, surtout sur les bouleaux, et dans le haut des houx; rarement il s'écarte des bois touffus.

LES GRIMPEREAUX

LA HUPPE ET LE GRIMPEREAU

On appelle *grimpereaux* les oiseaux doués d'une très grande facilité pour monter le long des arbres; ils se nourrissent d'insectes.

La *huppe* est facile à reconnaître à sa belle huppe formée d'une double rangée de plumes rousses bordées de noir, qu'elle redresse à volonté. Son nid est très profond,

très sale et très infecte; aussi dit-on *sale comme une huppe*.

Les Égyptiens avaient fait de la huppe l'emblème de la piété filiale; on croit encore que les jeunes huppes prennent soin de leurs père et mère devenus caducs, les réchauffent sous leurs ailes et appliquent des herbes salutaires sur leurs yeux malades.

Le *grimpereau* n'est guère plus gros que le roitelet.

L'OISEAU-MOUCHE ET LE COLIBRI

De tous les êtres animés, voici le plus élégant pour la forme et le plus brillant pour les couleurs. La nature l'a comblé de tous ses dons : légèreté, rapidité, prestesse, grâce et riche parure, tout appartient à ce petit favori. L'émeraude, la topaze, brillent sur ses habits ; il ne les

souille jamais de la terre, et, dans sa vie tout aérienne, on le voit à peine toucher le gazon par instants : il est toujours en l'air, volant de fleurs en fleurs ; il a leur fraîcheur comme il a leur éclat ; il vit de leur nectar, et n'habite que les climats où sans cesse elles se renouvellent.

C'est dans les contrées les plus chaudes du Nouveau-Monde que se trouvent toutes les espèces d'oiseaux-mouches. Elles sont assez nombreuses et paraissent confinées entre les deux tropiques.

Le nid qu'ils construisent répond à la délicatesse de leur corps : il est fait d'une bourre soyeuse recueillie sur des fleurs : ce nid est fortement tissé et a la consistance d'une peau douce et épaisse.

On distingue le colibri de l'oiseau-mouche à son bec arqué (celui de l'oiseau-mouche est droit), à ses pieds impropres à la marche, à huit doigts devant et un en arrière. Les reflets de ses couleurs imitent la pourpre, l'or, le rubis, le topaze. Il se nourrit d'insectes et boit le suc des fleurs au moyen de sa langue extensible et effilée. On le trouve dans l'Amérique tropicale.

LE MARTIN-PÊCHEUR OU ALCYON

Son nom de martin-pêcheur lui vient de martinet-pêcheur, à cause de l'analogie qui existe entre son vol et celui de l'hirondelle-martinet. Son nom d'alcyon, célèbre dans les fables de l'antiquité, était bien plus noble.

C'est le plus bel oiseau de nos climats, et il n'y en a aucun en Europe qu'on puisse comparer au martin-pêcheur pour la netteté, la richesse et l'éclat des couleurs ; elles ont les nuances de l'arc-en-ciel, le brillant de l'émail, le lustre de la soie : tout le milieu du dos, avec le dessus de la queue, est d'un bleu clair et brillant, qui, aux rayons du soleil, a le jeu du saphir et l'œil de la turquoise ; le vert se mêle sur les ailes au bleu, et la plupart des plumes y sont terminées et ponctuées par une teinte d'algue-marine ; la tête et le dessus du cou sont pointillés de même de taches plus claires sur un fond d'azur.

L'espèce de notre martin-pêcheur est originaire des climats de l'Orient et du Midi.

Son vol est rapide et filé ; il suit ordinairement les contours des ruisseaux en rasant la surface de l'eau. Il crie en volant *ki, ki, ki, ki,* d'une voix perçante et qui fait retentir les rivages.

Pour pêcher, il se tient ordinairement sur une branche avancée au-dessus de l'eau ; il y reste immobile, et épie souvent deux heures entières le passage d'un petit pois-

son ; il fond sur cette proie en se laissant tomber dans l'eau, où il reste plusieurs secondes ; il en sort avec le poisson au bec, qu'il porte ensuite sur la terre, contre laquelle il le bat pour le tuer avant de l'avaler.

LES MOTACILLES

On a appelé motacilles les oiseaux qui haussent et baissent continuellement leur queue.

LES MÉSANGES

Oiseaux à peine gros comme le moineau, les mésanges sont reconnaissables à leurs agréables couleurs, à leur bec court et robuste garni de poils à sa base, à leurs pieds terminés par quatre doigts armés d'ongles forts, à leurs

ailes obtuses. Elles se montrent toujours vives, pétulantes et courageuses. Elles attaquent les oiseaux plus forts et plus gros qu'elles.

On distingue : la *charbonnière* ou *mésangère*, qui attache son nid aux huttes des charbonniers ; la *nonnette* à dos grisâtre et à ventre blanc ; la *mésange bleue ;* la *mésange à huppe noire* bordée de blanc, etc.

LE ROSSIGNOL

Voici le plus grand chantre ailé de la nature. Le rossignol a le plumage roussâtre sur le dos et sur les ailes, et d'un blanc grisâtre sous la gorge et sur le dessous du corps; son bec est droit, grêle et pointu, sa queue arrondie, ses pattes sont minces et armées d'ongles courbés et comprimés sur les côtés.

Il efface tous les oiseaux chanteurs par la réunion com-

plète de leurs talents divers et par la prodigieuse variété de son ramage, en sorte que la chanson de chacun de ces oiseaux prise dans toute son étendue n'est qu'un couplet de celle du rossignol.

Il arrive chaque année dans nos climats sur la fin de mars; au commencement de mai, il s'enfonce dans les bois pour y construire son nid au milieu des buissons et des taillis peu élevés. Pendant la belle saison il chante jour et nuit.

Il est étonnant qu'un si petit oiseau, qui pèse à peine

quinze grammes, ait tant de force dans les organes de la voix.

Cet oiseau est capable à la longue de s'attacher à la personne qui a soin de lui ; il distingue son pas avant de la voir, il la salue par un cri de joie; lorsqu'il perd sa bienfaitrice, il meurt quelquefois de regret; s'il survit, il lui faut longtemps pour s'accoutumer à une autre.

Les rossignols sont fort bons à manger lorsqu'ils sont gras, et le disputent aux ortolans. Le rossignol quitte la France pendant l'hiver et passe probablement en Asie.

LA FAUVETTE

Des hôtes ailés que le printemps ramène dans nos bois, les fauvettes sont les plus nombreux comme les plus aimables. Ces jolis oiseaux arrivent au moment où les

arbres développent leurs feuilles et commencent à laisser épanouir leurs fleurs; ils se dispersent dans toute l'étendue de nos campagnes : les uns viennent habiter nos

12

jardins, d'autres préfèrent les avenues et les bosquets ; plusieurs espèces s'enfoncent dans les grands bois, et quelques-unes se cachent au milieu des roseaux. Ainsi les fauvettes remplissent tous les lieux de la terre, les animent par les mouvements et les accents de leur tendre gaieté.

La nature, qui leur a donné tant de grâces, semble avoir oublié de parer leur plumage. Il est obscur et terne. Excepté deux ou trois espèces qui sont légèrement tachetées, toutes les autres n'ont que des teintes plus ou moins sombres de blanchâtre, de gris et de roussâtre.

Le nid de la fauvette est fait d'herbes sèches, de brins de chanvre et d'un peu de crin dedans. C'est dans le nid de la fauvette babillarde que le coucou dépose le plus souvent son œuf.

On connaît : la fauvette à tête noire, excellente chanteuse ; la babillarde, la grisette, etc.

Presque toutes les fauvettes quittent nos pays en automne.

LE ROUGE-GORGE

Le rouge-gorge est reconaissable à son plumage d'un gris brun olivâtre en dessus, blanc en dessous avec la gorge, la poitrine et le front d'un roux ardent. Il passe tout l'été dans nos bois, et ne vient à l'entour des habitations qu'à son départ en automne et à son retour au printemps. Il place son nid près de terre, sur les racines des jeunes arbres, ou sur des herbes assez fortes pour le soutenir : il le construit de mousse entremêlée de crins et de feuilles de chêne, avec un lit de plumes au dedans. On trouve ordinairement dans le nid du rouge-gorge cinq et jusqu'à sept œufs de couleur brune. Pendant tout le temps des nichées, le mâle fait retentir les bois d'un chant léger et tendre ; c'est un ramage suave et délié. Il poursuit alors avec vivacité tous les oiseaux de son espèce, et les éloigne de son nid : jamais le même buisson ne logea deux paires de ces oiseaux aussi fidèles qu'amoureux.

Souvent il reste pendant l'hiver dans nos campagnes, et alors il ne craint pas d'entrer, comme chez un ami, dans la chaumière du paysan pour manger les miettes de sa table. Il n'est pas d'oiseau plus matinal que lui, et nous le trouvons toujours le premier éveillé.

LE ROITELET, LA LAVANDIÈRE ET LA BERGERONNETTE

Le roitelet est reconnaissable à son très petit corps, à sa tête ornée de plumes longues, effilées, d'un jaune vif brillant, à son dos nuancé jaune olivâtre, à ses ailes et à sa queue brune. Il vit d'insectes.

La femelle pond six ou sept œufs, gros comme des pois, dans un petit nid fait en boule creuse, tissé solidement de mousse et de toile d'araignée, garni en dedans du duvet le plus doux.

La *lavandière* n'est guère plus grosse que la mésange commune ; mais sa longue queue a trois pouces et demi de longueur : l'oiseau l'épanouit et l'étale en volant ; il s'appuie sur cette longue et large rame qui lui sert pour se balancer, pour pirouetter, s'élancer et se jouer dans l'air.

Ces oiseaux courent légèrement à petits pas très prestes sur la grève des rivages ; on les voit voltiger sur les écluses des moulins, et se poser sur les pierres ; ils viennent, pour ainsi dire, battre la lessive avec les laveuses, ce qui a fait donner à cet oiseau le nom de lavandière.

Le plumage de la lavandière est composé de grandes taches blanches et noires, jetées par masses.

Son cri vif et redoublé est *guî guît, guî guî guît*.

On la trouve dans toute l'Europe.

La *bergeronnette* est connue par l'espèce d'affection

qu'elle marque pour les troupeaux, par sa manière de voltiger au milieu du bétail paissant, par son air de familiarité avec les bergers qu'elle accompagne sans défiance

et sans danger. Elle vit de mouches et de poissons. La bergeronnette, librement amie de l'homme, meurt en cage.

L'ALOUETTE

L'alouette se reconnaît à son plumage d'un gris roussâtre et à son chant joyeux qu'elle continue en volant très haut. Plus elle s'élève, plus elle force la voix, et souvent elle la force à telle point, que, quoiqu'elle se soutienne au haut des airs et à perte de vue, on l'entend encore distinctement. Au reste, l'alouette chante rarement à terre, où néanmoins elle se tient toujours lorsqu'elle ne vole point.

Les vers, les chenilles, les œufs de fourmis et même les sauterelles sont la nourriture la plus ordinaire des jeunes alouettes : lorsqu'elles sont adultes, elles vivent principalement de matières végétales.

On les apprivoise assez facilement : elles deviennent même familières jusqu'à venir manger sur la table et se poser sur la main ; mais elles ne peuvent se tenir sur le doigt, à cause de la conformation de l'ongle postérieur, trop long et trop droit pour pouvoir l'embrasser.

Elles sont susceptibles d'apprendre à chanter et d'orner leur ramage naturel de tous les agréments que notre

mélodie artificielle peut y ajouter. L'automne, elles descendent dans la plaine, se réunissent par troupes nombreuses, et deviennent alors très grasses, parce que, dans cette saison, étant presque toujours à terre, elles mangent, pour ainsi dire, continuellement.

L'HIRONDELLE DE CHEMINÉE, LE MARTINET ET L'ENGOULEVENT

L'hirondelle niche dans nos cheminées et jusque dans l'intérieur de nos maisons, surtout de celles où il y a peu de bruit : jamais elle ne s'établit volontairement loin de l'homme.

L'hirondelle de cheminée est la première qui paraisse au printemps dans nos climats. Les hirondelles nous délivrent du fléau des cousins, des charançons et de plusieurs autres insectes destructeurs. Les mêmes hirondelles reviennent toujours aux mêmes endroits ; elles construisent chaque année un nouveau nid, et l'établissent au-dessus de celui de l'année précédente, si le local le permet. On en a trouvé dans des tuyaux de cheminée, qui étaient ainsi construits par étages.

L'hirondelle fait deux pontes par an ; lorsque les petits sont éclos, le père et la mère leur portent sans cesse à manger, puis lorsqu'ils ont atteint la force nécessaire pour voler, rien n'est plus intéressant que de les voir donner aux jeunes les premières leçons, les amusant de la voix, leur présentant d'un peu loin la nourriture, s'éloignant encore à mesure qu'ils s'avancent, et les poussant doucement, et non sans quelque inquiétude, hors du nid.

L'hirondelle.

Le *martinet* diffère surtout de l'hirondelle par la longueur de ses ailes. Il habite principalement les tours et les clochers élevés. Il a la gorge d'un blanc cendré et tout le dessus du corps, ainsi que les ailes, d'un noir sombre ou changeant au vert. Il arrive dans nos pays après l'hirondelle. Comme elle, il vit d'insectes.

L'*engoulevent* a beaucoup de rapports avec l'hirondelle par ses pieds courts, son petit bec, le choix de sa nourriture et la manière de la prendre. Il avale, il *engoule*, pour ainsi parler, tous les insectes qu'il rencontre en volant. Son bec, garni de soies à sa base, s'ouvre d'une manière démesurée et donne à sa tête quelque ressemblance avec celle du crapaud. La femelle ne construit

L'engoulevent.

pas de nid et pond ses deux ou trois œufs rembrunis au pied d'un arbre ou dans quelque trou en terre.

LES PICS

Les pics ressemblent beaucoup aux grimpereaux; ils sont caractérisés par un bec long, extrêmement fort, par une longue langue garnie d'épines, recourbée en arrière et constamment imbibée d'une salive gluante.

LE PIC VERT OU PIVERT, LE COUCOU ET LE TOUCAN

Le pic-vert a le dessus de la tête rouge, et le reste du plumage d'un vert olive en dessus, d'un blanc jaunâtre à la gorge, d'un vert pâle à la poitrine et jaune au croupion. Il arrive au printemps, et fait retentir les forêts des cris aigus et durs, *tiacacan*, *tiacacan*, que l'on entend de loin, et qu'il jette surtout en volant par élans et par bonds.

Le pic-vert.

Le pic-vert se tient à terre plus souvent que les autres

Le coucou.

pics, surtout près des fourmilières, parce qu'il se nourrit de fourmis.

Pour faire leur nid, le mâle et la femelle travaillent incessamment et tour à tour à percer la partie vive d'un arbre vermoulu, jusqu'à ce qu'ils rencontrent le centre carié ; ils le vident, le creusent, et rendent quelquefois leur trou si oblique et si profond que la lumière du jour

Le toucan.

ne peut y arriver. Ils y nourrissent leurs petits à l'aveugle.

Le *coucou* a un plumage qui varie du blanc jaunâtre au verdâtre avec des taches cendrées.

Cet oiseau ne fait point de nid : il dépose ses œufs ou son œuf (car il est rare qu'il en dépose deux au même endroit) dans les nids des fauvettes, des verdiers, des alouettes, des ramiers, etc.; il mange souvent les œufs qu'il y trouve, et laisse à l'étrangère le soin de couver, de nourrir, d'élever sa progéniture.

Tout le monde connaît le chant du coucou : il est si bien articulé et répété si souvent, que, dans presque toutes les langues, il a influé sur la dénomination de l'oiseau ; il s'interrompt quelquefois par un râlement sourd, tel que celui d'une personne qui crache. Il se nourrit surtout d'insectes ou d'œufs d'oiseaux, il passe l'hiver en Afrique ou en Asie, et l'été en Europe.

Le *toucan* est reconnaissable à première vue, à son bec énorme, presque aussi long et aussi gros que le corps, dentelé sur le bord, courbé vers le bout; à sa langue étroite garnie de barbes rangées comme celles d'une plume, etc. Il va en petites troupes, et vole lourdement. Il vit de fruits, d'insectes, d'œufs et de petits oiseaux; son plumage est noir ou vert avec des couleurs blanches, rouges ou jaunes. Il se trouve surtout dans l'Amérique méridionale. On l'apprivoise aisément en le prenant jeune; en domesticité, il mange de tout ce qu'on lui donne.

LES KAKATOÈS (PERROQUETS A QUEUE COURTE)

Les plus grands perroquets de l'ancien continent sont

les kakatoès. Leur nom vient de la ressemblance de ce

mot avec leur cri. On les distingue aisément des autres perroquets par leur plumage blanc, par leur bec plus crochu, et particulièrement par une huppe de longues plumes dont leur tête est ornée, et qu'ils élèvent et abaissent à volonté.

Ces perroquets kakatoès apprennent difficilement à parler; mais on en est dédommagé par la facilité de leur éducation. On les apprivoise tous aisément. Ils ont dans tous leurs mouvements une douceur et une grâce qui ajoutent à leur beauté.

On distingue le kakatoès à huppe jaune, celui à huppe blanche, celui à huppe rouge, et le noir.

LE JACO ET LE PERROQUET VERT

Le jaco est le perroquet que l'on apporte le plus com-

munément en Europe aujourd'hui, et qui s'y fait le plus aimer, tant par la douceur de ses mœurs que par son talent et sa docilité, en quoi il égale au moins le perroquet vert sans en avoir les cris désagréables. Le mot de *jaco*, qu'il paraît se plaire à prononcer, est le nom qu'ordinairement on lui donne. Tout son corps est d'un beau gris de perle et d'ardoise blanchissant au ventre; une queue d'un rouge de vermillon termine et relève ce plumage lustré, moiré et comme poudré d'une blancheur qui le rend toujours frais; le bec est noir; les pieds

Le perroquet vert.

sont gris; l'iris de l'œil est couleur d'or. La longueur totale de l'oiseau est de trente centimètres.

La plupart de ces perroquets nous sont apportés de la Guinée. On leur apprend aisément à parler, et ils semblent imiter de préférence la voix des enfants.

Non seulement cet oiseau a la facilité d'imiter la voix de l'homme, il paraît encore en avoir le désir : il le manifeste par son attention à écouter et par l'effort qu'il fait pour répéter.

Le jaco apprend aussi à contrefaire certains gestes et certains mouvements. Il vit de toute espèce de nourriture.

Le *perroquet vert* est de la grosseur d'une poule moyenne, il a tout le dos d'un vert vif et brillant, les grandes pennes de l'aile et les épaules bleues, les flancs et le dessous de l'aile d'un rouge éclatant, sa longueur est de quarante centimètres.

LES ARAS (PERROQUETS A QUEUE LONGUE)

De tous les perroquets, l'ara est le plus grand et le plus magnifiquement paré ; le pourpre, l'or et l'azur brillent sur son plumage. Il a l'œil assuré, la contenance ferme, la démarche grave, et même l'air désagréablement dédaigneux, comme s'il sentait son prix et connaissait trop sa beauté ; néanmoins son naturel paisible le rend aisément familier et même susceptible de quelque attachement.

Les caractères qui distinguent les aras des autres perroquets du nouveau monde sont la grandeur et la grosseur du corps ; la longueur de la queue, et la peau nue et d'un blanc sale qui couvre les deux côtés de la tête. Son cri, qui semble articuler *ara* d'un ton rauque, grasseyant, est si fort, qu'il offense l'oreille.

GALLINACÉS

On nomme *gallinacés* un ordre d'oiseaux dont le bec est moins long que la tête, dont les ailes sont proportionnellement courtes et concaves. Les gallinacés se nourrissent de grains ; ils aiment à vivre en société et s'apprivoisent facilement.

LE PIGEON, LE RAMIER ET LA TOURTERELLE

Le biset, ou *pigeon sauvage*, est la tige primitive de tous les autres pigeons : communément, il est de la même grandeur et de la même forme, mais d'une couleur plus bise, que le pigeon domestique ; c'est de cette couleur que vient son nom.

Les *pigeons de colombier* produisent souvent trois fois l'année, et les *pigeons de volière* dix et douze fois, au lieu que le biset ne produit qu'une ou deux fois tout au plus.

Le *ramier* est reconnaissable à son plumage généralement d'un cendré plus ou moins bleuâtre avec des reflets d'un vert doré changeant en bleu et en rose sur les côtés et le dessous du cou; d'un roux vineux à la poitrine; d'un brun plus ou moins foncé aux ailes et à la queue. Le ramier niche sur les branches des arbres; on

le trouve dans toute l'Europe, quoiqu'il préfère les pays chauds tempérés. Le ramier est très abondant en France pendant l'automne. Il a un roucoulement plus fort que celui des pigeons. Il se nourrit de fruits sauvages.

Les *pigeons voyageurs* sont devenus très sympathiques en raison des services qu'ils rendent comme porteurs de dépêches.

La *tourterelle* se distingue du pigeon à sa taille plus petite, à son plumage presque toujours couleur café tendre, avec un collier de couleur plus foncée, à son chant triste et plaintif qui se fait entendre dans les endroits les plus sombres et les plus retirés des bois. Elle s'apprivoise facilement et peut s'élever en cage. Elle arrive dans notre climat fort tard au printemps et le quitte dès la fin du mois d'août; pendant ce court espace, elles nichent, pondent et élèvent leurs petits au point de pouvoir les emmener avec elles.

LA PERDRIX ET LA CAILLE

Les perdrix vivent en familles, ou *compagnies*, dans les champs où elles se nourrissent de graines, d'herbes, d'insectes; elles nichent à terre, dans les sillons, et y pondent douze à vingt œufs que la femelle couve seule. Elles sont craintives, défiantes et ne peuvent pas être

La perdrix grise.

réduites en domesticité. Leur chant aigu et désagréable imite le bruit d'une scie ; leur vol est saccadé et bruyant. Elles font rarement de grands voyages, mais passent toujours d'un canton dans un autre. On les trouve dans toutes les contrées méridionales et dans les contrées tempérées.

La perdrix grise se distingue par le roux clair du dessus de la tête et par le croissant roux marron du ventre. On prétend qu'elle ne quitte jamais ses œufs sans les couvrir de feuilles. Elle vit sept ans environ. Les perdreaux gris ont les pieds jaunes en naissant, blanchâtres plus tard, puis bruns, puis tout à fait noirs à trois ou quatre ans.

Ils sont faciles à élever dans les parcs et se nourrissent comme les poulets, avec de la mie de pain, des œufs durs, etc.

La perdrix rouge est reconnaissable à ses pieds, son bec et ses yeux rouges, aux parties supérieures de son corps d'un brun rougeâtre, à sa gorge et à son cou blancs. Elle ne se trouve pas dans les pays froids de l'Europe.

La caille.

Elle vole pesamment et avec effort ; elle perche sur les arbres et se terre quelquefois ; elle est moins sociable que la grise et exige des soins infinis pour s'accoutumer à la captivité ; elle meurt même d'ennui, si on ne la lâche pas quand sa tête se garnit de plumes.

La *caille* a beaucoup de rapports avec la perdrix ; son plumage, varié de gris et de roux, est obscur en dessus et blanchâtre à la gorge et au ventre. Elle court avec agilité et vole rarement. Elle est d'un naturel querelleur. Elle se rapproche constamment des contrées septentrionales pendant l'été et des méridionales pendant l'hiver. Elle arrive en France au commencement de mai. Elle vit de blé, de millet, de toutes sortes de graines et d'insectes. La femelle pond quinze ou seize œufs bruns et jaunes ; les cailleteaux courent presque en sortant de la coque.

LE PAON ET LA LYRE

Le paon est reconnaissable à sa superbe queue et à la belle aigrette qui orne sa tête sans la charger; à son incomparable plumage qui semble réunir tout ce qui flatte nos yeux dans le coloris tendre et frais des fleurs,

tout ce qui les éblouit dans les reflets pétillants des pierreries, tout ce qui les étonne dans l'éclat majestueux de l'arc-en-ciel. Si l'empire appartenait à la beauté et non à la force, le paon serait, sans contredit, le roi des oiseaux; il n'en est point sur qui la nature ait versé ses trésors avec plus de profusion.

La femelle du paon n'a pas la parure du mâle. Les petits s'appellent *paonneaux*.

Le paon se nourrit de graines de toutes sortes, et vit environ vingt-cinq ans. Il fut introduit d'Asie en Europe sous Alexandre le Grand.

Avec les plumes du paon qui tombent tous les ans, au

mois de juillet, on fait des éventails et des parures.

La *lyre,* ou *mercure porte-lyre,* est une espèce de faisan d'Australie, à plumage d'un brun grisâtre. On le connaît encore fort peu en Europe. Le mâle se fait surtout remarquer par sa queue qui, dressée, étalée, imite assez la forme d'une lyre.

LE COQ ET LA POULE

Le coq est un oiseau pesant, dont la démarche est grave et lente, et qui, ayant les ailes fort courtes, ne vole que rarement. Il chante indifféremment la nuit et le jour, et son chant est fort différent de celui de sa femelle. Il gratte la terre pour chercher sa nourriture; il avale autant de petits cailloux que de grains et n'en digère que mieux; il boit en prenant de l'eau dans son bec

et levant la tête à chaque fois pour l'avaler. Il dort le plus souvent un pied en l'air et en cachant sa tête sous l'aile du même côté. Son front est orné d'une crête rouge et charnue, et le dessous du bec d'une double membrane de même couleur et de même nature.

Un bon coq est celui qui a du feu dans les yeux, de la fierté dans la démarche.

Le coq a beaucoup de soin et même d'inquiétude et de souci pour ses poules : il ne les perd guère de vue; il les conduit, les défend, les menace, va chercher celles qui s'écartent, les ramène, et ne se livre au plaisir de manger que lorsqu'il les voit toutes manger autour de lui. Quant à la *poule* rien n'égale sa sollicitude pour ses petits.

Dès que les poussins sont éclos, leur mère en est sans cesse occupée et ne cherche de la nourriture que pour eux ; si elle n'en trouve point, elle gratte la terre avec ses ongles pour lui arracher les aliments qu'elle recèle et s'en prive en leur faveur : elle les appelle lorsqu'ils s'égarent, les met sous ses ailes à l'abri des intempéries et les couve encore une seconde fois. Elle s'expose à tout pour les défendre.

Le coq et les poules paraissent être originaires de l'Asie. On compte beaucoup de variétés de poules.

LE FAISAN

De la grosseur d'un coq ordinaire, le faisan a un plumage lustré qui offre les couleurs les plus brillantes, surtout chez le mâle. Les tiges des plumes du cou font

l'effet d'autant de lames d'or. Il vient de l'Asie, et vit six à sept ans.

La femelle s'appelle poule faisane. Leur chair légère, nourrissante et délicate, se sert sur les meilleures tables.

La faisane fait son nid à elle seule avec de la paille et des feuilles; elle pond jusqu'à trente à cinquante œufs. Les petits faisans sont très difficiles à élever.

Le faisan doré est plus petit que le faisan ordinaire. On l'appelle faisan tricolore à cause du rouge, du jaune doré et du bleu qui dominent dans son plumage. Il vient de Chine.

LE DINDON ET LE HOCCO

Si le coq ordinaire est l'oiseau le plus utile de la basse-cour, le dindon domestique est le plus remarquable par la grandeur de sa taille et par la forme de sa tête, qui est fort petite à proportion du corps; elle est presque entièrement dénuée de plumes, et seulement recouverte, ainsi qu'une partie du cou, d'une peau bleuâtre, chargée

de mamelons rouges et blanchâtres, avec quelques petits poils noirs clairsemés. De la base du bec descend sur le cou une espèce de barbillon charnu, rouge et flottant; du bec supérieur s'élève une caroncule charnue, de forme conique et sillonnée par des rides transversales assez profondes. Si quelque objet étranger se présente inopinément, cet oiseau, qui n'a rien dans son port ordinaire que d'humble et de simple, se rengorge tout à coup avec fierté; sa tête et son cou se gonflent; la caroncule conique se déploie et s'allonge en se colorant d'un rouge plus vif; en même temps les plumes du cou et du dos se hérissent, et la queue se relève en éventail, tandis que les ailes s'abaissent jusqu'à terre. Il y a des dindons de diverses couleurs : blancs, gris, mélangés de blanc et noir ou jaune et roux.

La poule d'Inde diffère du coq, non seulement en ce qu'elle n'a pas d'éperons aux pieds, ni de bouquet de crins dans la partie inférieure du cou, mais encore parce qu'elle est plus petite et ne peut pas faire la roue.

La poule d'Inde montre pour ses petits une affection égale à celle de la poule pour ses poussins.

Les dindons sont originaires de l'Amérique.

LA PINTADE ET LES OUTARDES

Encore appelée poule d'Afrique ou poule *peinte*, la pintade a le plumage ardoisé et couvert de taches blanches arrondies ; sa tête est nue et surmontée d'une crête calleuse et garnie de barbillons charnus qui tombent jusqu'au bas des joues. Sa queue est courte et pendante, son dos arrondi, sa taille trapue, ses pattes dépourvues d'éperons.

Elle vit en domesticité dans nos basses-cours, où elle se signale comme oiseau criard, turbulent, vif et querelleur. Elle se fait craindre des dindons mêmes.

Les pintadeaux de basse-cour sont d'un fort bon goût.

L'*outarde barbue* a près d'un mètre de long du bout du bec à l'extrémité de la queue ; elle pèse près de dix kilogrammes, on l'appelle *tarda* ou *bute* à cause de la pesanteur de sa marche, et barbue parce qu'elle porte à la base du bec un faisceau de longues plumes effilées d'un cendré clair. Elle se nourrit d'herbes, de graines, de semences et d'insectes. Sa pusillanimité est telle que, pour peu qu'on la blesse, elle meurt plutôt de la peur que de ses blessures.

BRACHYPTÈRES

On nomme *brachyptères* les oiseaux qui sont incapables de voler à cause de leurs ailes qui sont excessivement courtes et pour ainsi dire rudimentaires, mais qui, en compensation, courent avec une vitesse extraordinaire.

L'AUTRUCHE

La race de l'autruche est très ancienne, elle a su se conserver pendant une longue suite de siècles, et toujours dans la même terre, sans altération.

L'autruche passe pour être le plus grand des oiseaux,

mais elle est privée, par sa grandeur même, de la principale prérogative des oiseaux, la puissance de voler. Le poids moyen d'une autruche vivante et médiocrement grasse est de trente-sept à quarante kilogrammes. Cet oiseau, à vrai dire, n'a point d'ailes, puisque les plumes qui sortent de ses ailerons ne peuvent faire corps ensemble pour frapper l'air avec avantage. L'autruche est attachée à la terre comme par une double chaîne, son excessive pesanteur et la conformation de ses ailes. Comme les quadrupèdes, elle a sur la plus grande partie du corps du poil plutôt que des plumes ; sa tête et ses flancs n'ont même que fort peu de poils, ainsi que ses cuisses, qui sont très grosses, très musculeuses et où réside sa principale force; ses grands pieds nerveux et charnus, qui n'ont que deux doigts, ont beaucoup de rapport avec les pieds du chameau; ses ailes, armées de deux piquants semblables à ceux du porc-épic, sont moins des ailes que des espèces de bras, qui lui ont été donnés pour se défendre. Sa paupière supérieure est mobile et bordée de longs cils; la forme totale de ses yeux a plus de rapport avec les yeux humains qu'avec ceux de l'oiseau.

Les autruches ne sont pas aussi sauvages qu'on se l'imaginerait : elles s'apprivoisent facilement, surtout lorsqu'elles sont jeunes. On fait plus que de les apprivoiser, on en a dompté quelques-unes au point de les monter comme on monte un cheval.

Leurs œufs sont très gros, très durs et très pesants.

LE CASOAR ET LE DRONTE

Le casoar a beaucoup de rapport avec l'autruche par sa haute taille; son corps est massif, couvert de plumes noirâtres, lâches, semblables à des poils ; une sorte de casque osseux, haut de huit centimètres, brun et jaune, surmonte sa tête fort petite; au-devant du cou, de chaque côté, on voit poindre une chair rouge.

L'allure de cet oiseau est bizarre : il semble ruer en marchant.

Le *dronte,* ou *cygne à capuchon,* est gros comme une oie, massif, incapable de voler, et porte sur la tête une espèce de capuchon; un cercle blanc entoure ses gros yeux noirs. Il a des ailes, mais trop courtes et trop faibles; il a une queue, mais disproportionnée et mal placée. On le prendrait pour une tortue qui se serait affublée de la dépouille d'un oiseau.

ÉCHASSIERS

On appelle *échassiers* les oiseaux remarquables par leurs longues jambes dégarnies de plumes; ils ont la queue couverte et volent en étendant leurs jambes en arrière comme pour servir de contrepoids à leur long cou.

LE PLUVIER ET LE VANNEAU

Oiseaux migrateurs, les pluviers sont ainsi appelés parce qu'ils viennent dans nos contrées à la saison des pluies. Ils arrivent du Nord à l'automne et nous quittent

au printemps. Ils se nourrissent d'insectes aquatiques et de vers. On reconnaît le grand pluvier à son bec plus long que la tête, à ses pieds longs, grêles, au renflement de ses genoux, à ses ailes médiocres et aiguës. C'est un oiseau très timide, nocturne, dont la marche très rapide lui a fait donner le nom d'*arpenteur*. Son plumage, d'un fond gris-blanc, présente des mouchetures brunes et noirâtres assez confuses sur le dos et sur les ailes.

Le *vanneau* est ainsi nommé parce qu'il fait en volant le bruit d'un *van* qu'on agite. On reconnaît cet oiseau à son bec court, grêle, droit, comprimé, renflé à son extrémité, à ses jambes minces, à son aigrette et à ses jolies couleurs, qui lui valurent chez les anciens le nom de *paon sauvage*. Ses fortes ailes lui permettent de s'élever très haut en l'air. Posé à terre, il s'élance, bondit et parcourt le terrain par petits vols coupés. Il arrive dans nos prairies après le dégel, et se nourrit de vers qu'il sait faire sortir de terre avec une merveilleuse adresse. La femelle pond trois ou quatre œufs oblongs, elle les dépose dans les marais sur les petites buttes ou mottes de terre au-dessus du niveau du terrain. Les vanneaux ne se tiennent guère plus de vingt-quatre heures dans le même canton; car, l'ayant épuisé de vers en un jour, le lendemain, la troupe, qui se compose de cinq ou six cents individus, est forcée de se transporter ailleurs. Le plumage du vanneau est d'un fond noir à reflets métalliques rouges, verts, dorés, etc.

L'IBIS

L'ibis était l'oiseau sacré des anciens Égyptiens, qui adoraient en lui le fléau des serpents et des autres reptiles. On doit placer l'ibis entre la cigogne et le courlis : car il tient de près à ces deux genres d'oiseaux ; il a le bec fort arqué, et la jambe haute comme la grue. On en distingue deux espèces : la première a le plumage tout noir ; la seconde, plus commune, est toute blanche, à l'exception des plumes, de l'aile et de la queue, qui sont très noires.

D'après le respect populaire pour cet oiseau fameux, il n'est pas étonnant que son histoire ait été chargée de fables : on a dit que les ibis engendraient par le bec ; que le basilic naissait d'un œuf d'ibis, formé dans cet oiseau des venins de tous les serpents qu'il dévore ; que le crocodile et les serpents touchés d'une plume d'ibis demeuraient immobiles, etc.

L'ibis fait la plus cruelle guerre aux serpents et à tous les reptiles. Il fait son nid dans les feuilles piquantes des palmiers pour le mettre à l'abri de l'assaut des chats, ses ennemis.

LA GRUE ET L'OISEAU ROYAL

De tous les oiseaux voyageurs, c'est la grue qui entreprend et exécute les courses les plus lointaines et les plus hardies. Originaire du Nord, elle visite les régions

tempérées et s'avance dans celles du Midi. En automne, elle vient s'abattre sur nos plaines marécageuses ; puis elle se hâte de passer dans des climats plus méridionaux.

Les grues portent leur vol très haut et se mettent en

ordre pour voyager; elles forment un triangle comme pour fendre l'air plus aisément. Quand le vent se renforce et menace de les rompre, elles se resserrent en cercle. Leur passage se fait le plus souvent dans la nuit; mais leur voix éclatante avertit de leur marche.

Les cris de grues dans le jour indiquent la pluie ; les clameurs plus bruyantes et comme tumultueuses annoncent la tempête ; si le matin ou le soir on les voit s'élever et voler paisiblement en troupe, c'est un indice de sérénité.

Le port de la grue est droit, et sa figure est élancée. Tout le champ de son plumage est d'un beau cendré clair, ondé, excepté les pointes des ailes et la coiffure de la tête ; les grandes pennes de l'aile sont noires.

Il se trouve parfois des grues blanches.

La *grue couronnée*, ou *oiseau royal*, doit son second nom à la belle aigrette roussâtre qui orne le sommet de sa tête ; cette espèce de grue a le corps noir, les ailes blanches, les joues variées de rouge et de blanc.

Elle vit de poissons, d'insectes et de graines.

LA CIGOGNE ET LE MARABOUT

La cigogne proprement dite, longue d'un mètre à un mètre vingt centimètres, a le plumage d'un fond blanc, avec les pennes des ailes noires, le bec et les pieds rouges. Ses mouvements sont lents et mesurés; elle n'a d'autre cri que le clapotement qui résulte du choc des mandibules de son bec l'une contre l'autre et qu'elle ne fait guère entendre que quand elle est effrayée. Elle vit le long des rivières et se nourrit surtout de poisson, de reptiles, d'oiseaux et d'insectes. Elle établit son nid au sommet des arbres ou sur le haut des maisons.

Quoique ses ailes soient courtes, elle a le vol puissant et soutenu ; elle porte en volant la tête raide en avant, et les pattes étendues en arrière comme pour lui servir de gouvernail ; elle s'élève fort haut et fait de très longs voyages, même dans les saisons orageuses. Les cigognes reviennent constamment aux mêmes lieux ; et si leur nid est détruit, elles le reconstruisent de nouveau avec des brins de bois et d'herbe.

Tous les ans, à la fin de l'été, elles quittent les contrées du Nord pour aller s'abattre en Afrique, particulièrement

sur les bords du Nil. Il est curieux de les voir assemblées pour leur départ : on les entend clapoter fréquemment; il se fait un grand mouvement dans la troupe ; dès que le vent du Nord souffle, elles s'élèvent toutes ensemble, et, en quelques instants, se perdent en haut des airs.

Les cigognes se privent aisément et supportent la rigueur de nos hivers. On a vanté, avec raison, dans ces oiseaux la pratique des vertus morales et surtout la tempérance et la piété filiale et paternelle.

Le *marabout* se distingue de la cigogne par sa tête non emplumée de poils sur une peau rouge et calleuse. Il habite le Sénégal et l'Inde.

LE HÉRON, LE BUTOR ET L'AIGRETTE

Le héron est caractérisé par son bec long, conique et robuste, par ses longues jambes dégarnies de plumes, par ses pieds grêles armés d'ongles aigus, par son plumage généralement d'un cendré bleuâtre, blanc au front et au sommet de la tête, blanc tacheté de noir au cou, gris et noir sur les ailes. Le héron atteint environ un

mètre de longueur. Il fait son nid au haut des grands arbres avec des bûchettes, des herbes sèches, des joncs et des plumes.

Triste et solitaire, hors le temps des nichées, il ne paraît connaître aucun plaisir. Dans les plus mauvais temps, il se tient isolé, découvert, posé sur un pieu ou sur une pierre, au bord d'un ruisseau, debout et en repos pendant la plus grande partie du jour; et ce repos lui sert de sommeil, car il prend quelque essor pendant la nuit : on l'entend alors crier en l'air à toute heure et dans toutes les saisons; sa voix est un son unique, sec et aigre, qu'on pourrait comparer au cri de l'oie.

Au moyen de ses longues jambes, il peut entrer profondément dans l'eau sans se mouiller, et là, guetter au passage une grenouille ou un poisson. Il lui faut souvent subir de longs jeûnes et quelquefois périr d'inanition.

Les *butors* ont les jambes beaucoup moins longues que les hérons, le corps un peu plus charnu et le cou très fourni de plumes, ce qui le fait paraître beaucoup plus gros que celui des hérons. Malgré l'espèce d'insulte attachée à son nom, le butor est moins stupide que le héron, mais il est encore plus sauvage : on ne le voit presque jamais; il n'habite que les marais d'une certaine étendue, où il y a beaucoup de joncs.

La patience de cet oiseau égale son courage; il demeure, pendant des heures entières, immobile, les pieds dans l'eau et caché par les roseaux; il y guette les anguilles et les grenouilles. Il est aussi indolent et aussi mélancolique que la cigogne.

L'*aigrette* est un oiseau ainsi nommé à cause du faisceau de plumes effilées et droites qui ornent son dos. La *grande aigrette* a les plumes du bas du dos longues et fines; la petite aigrette a ces mêmes plumes moins longues. Les mœurs et les habitudes de ces deux espèces d'aigrettes ressemblent beaucoup à celles du héron.

LE RALE DE TERRE ET LE RALE D'EAU

Le râle de terre ou de genêt, encore appelé roi des cailles, parce que son arrivée annonce celle de ces oiseaux, se reconnaît à son corps et à son bec comprimé, à sa queue courte, à ses doigts allongés et séparés, à son vol faible, à sa course rapide, à son plumage d'un brun fauve, tacheté de noirâtre en dessus et gris roussâtre en dessous. Il vient dans nos pays au commencement de mai et vit solitaire dans les broussailles, dans les joncs, dans les hautes herbes humides, mangeant des graines, surtout celles du trèfle, du genêt, etc., des insectes, des limaçons, des vermisseaux, etc.

Le *râle d'eau* a le bec rouge et plus long que la tête; son plumage, d'un rouge brun, montre des nuances blanchâtres et grises. On le voit souvent courir le long des eaux stagnantes, dans les joncs et sur les larges feuilles de nénuphar. Ses mœurs ressemblent à celles du roi des cailles.

L'HUITRIER ET LA SPATULE

De la grandeur de notre corneille, l'huîtrier, ou pie de mer, a le plumage varié de blanc et de noir; le bec robuste, comprimé sur les côtés comme un coin à fendre, très convenable, par conséquent, pour détacher les co-

quillages. Il vit d'huîtres, de patelles et de vers marins qu'il ramasse dans les sables du rivage.

La *spatule*, ou *palette*, doit son nom à la forme extraordinaire de son bec qui, aplati dans toute sa longueur, s'élargit vers l'extrémité en manière de spatule, et se termine en deux plaques arrondies, trois fois aussi larges que le corps du bec même.

LA BÉCASSE ET LA BÉCASSINE

Les bécasses passent l'été dans les Pyrénées et dans les Alpes, et descendent en France aux premières neiges.

Elles s'abattent dans les grandes haies, les taillis et les futaies ; elles quittent ces endroits fourrés à l'entrée de la nuit, pour se répandre dans les clairières, en suivant les sentiers.

La bécasse bat des ailes avec bruit en partant; son vol, quoique rapide, n'est ni élevé ni longtemps soutenu, elle

s'abat avec tant de promptitude qu'elle semble tomber comme une masse abandonnée à toute sa pesanteur. Peu d'instants après sa chute, elle court avec vitesse.

La bécasse ne se nourrit que de vers; elle fouille dans la terre molle des petits marais et des environs des sources, sur les pâquis fangeux et dans les prés humides qui bordent les bois. Elle ne gratte point la terre avec les pieds; elle détourne seulement les feuilles avec son bec, les jetant brusquement à droite et à gauche. Il paraît qu'elle cherche et discerne sa nourriture par l'odorat plutôt que par les yeux, qu'elle a mauvais; mais la nature semble lui avoir donné dans l'extrémité du bec un organe de plus : la pointe en est charnue plutôt que cornée, et paraît susceptible d'une espèce de tact propre à démêler l'aliment convenable dans la terre fangeuse.

La *bécassine* ressemble beaucoup à la bécasse sous bien des rapports extérieurs, mais elle est plus petite et ses mœurs diffèrent. Elle se tient dans les endroits marécageux et s'élève si haut en volant, qu'on l'entend encore quand on l'a perdue de vue. Elle est plus difficile à chasser que la bécasse; en France, elle paraît au printemps et à l'automne, et s'absente pendant l'été. Elle pique continuellement la terre sans qu'on puisse bien dire ce qu'elle mange.

La *bécassine* est ordinairement fort grasse, et sa graisse, d'une saveur fine, n'a rien du goût des graisses ordinaires; on la cuit comme la bécasse, sans la vider.

On la rencontre dans toutes les parties du monde.

LE FLAMANT OU PHÉNICOPTÈRE

D'une longueur d'un mètre cinquante, le flamant, originaire d'Afrique, doit son nom à son aile couleur de flamme, et au reste de son plumage d'un rouge clair ou d'un rose pâle; son bec d'une forme extraordinaire, épais et carré dessous comme une large cuiller; ses jambes d'une excessive hauteur; son cou long et grêle; son corps plus haut monté, quoique plus petit que celui de la cigogne, offrent une figure bizarre et pourtant distinguée.

Il se nourrit de coquillages, d'œufs de poissons et d'insectes qu'il cherche dans la vase; il ne boit que de l'eau salée. Il voyage par troupes; pendant qu'il pêche, la tête plongée dans l'eau, un autre est en vedette, la tête haute, et si quelque chose l'inquiète, il jette un cri bruyant semblable au son d'une trompette.

Cet oiseau s'apprivoise facilement, mais il craint les grands froids et ne vit pas longtemps en domesticité.

On voit des flamants en Espagne, en Italie et même sur nos côtes du Languedoc et de Provence. Sa chair, estimée pour sa délicatesse, est comparée à celle de la perdrix.

PALMIPÈDES

On appelle *palmipèdes* les oiseaux qui ont les doigts palmés, c'est-à-dire réunis par une membrane tout en restant distincts et formant ainsi une sorte de main ouverte. Leurs pieds sont implantés à l'arrière du corps, ce qui leur donne beaucoup de facilité pour nager, et leur plumage lustré, ferme, imbibé d'un suc huileux, reste imperméable à l'eau.

LE CYGNE

Le cygne règne sur les eaux à tous les titres qui fondent un empire de paix : la grandeur, la majesté, la douceur; roi paisible des oiseaux d'eau, il attend l'aigle sans le provoquer, sans le craindre. Au reste, il n'a que ce fier

ennemi ; tous les oiseaux de guerre le respectent, et il vit en ami plutôt qu'en roi au milieu des nombreuses peuplades des oiseaux aquatiques.

Les grâces de sa figure, la beauté de sa forme, répondent dans le cygne à la douceur de son naturel ; il plaît à tous les yeux ; il décore, embellit tous les lieux qu'il fréquente ; on l'aime, on l'applaudit, on l'admire.

A sa noble aisance, à la facilité, à la liberté de ses mouvements sur l'eau, on doit le reconnaître comme le plus beau modèle que la nature nous ait offert pour l'art de la navigation. Son coù élevé et sa poitrine relevée et arrondie semblent en effet figurer la proue du navire; son large estomac en représente la carène; son corps, penché en avant pour cingler, se redresse à l'arrière et se relève en poupe; la queue est un vrai gouvernail; les pieds sont de larges rames, et ses grandes ailes demi-ouvertes au vent et doucement enflées sont les voiles qui poussent le vaisseau vivant, navire et pilote à la fois.

Le cygne nage si vite, qu'un homme marchant rapidement au rivage a grand'peine à le suivre; libre sur nos eaux, et surtout sauvage, il a le vol très haut et très puissant.

Le cygne, supérieur en tout à l'oie, qui ne vit guère que d'herbages et de graines, ruse sans cesse pour attraper et saisir du poisson; il prend mille attitudes différentes pour le succès de sa pêche, et tire tout l'avantage possible de son adresse et de sa grande force.

Les cygnes volent en grandes troupes; leur instinct social est en tout très fortement marqué. Le cygne a de plus l'avantage de jouir jusqu'à un âge extrêmement avancé de sa belle et douce existence; on porte la durée de sa vie jusqu'à trois cents ans.

Le cygne domestique a le plumage d'une grande blancheur et le bec rouge, tandis que le signe sauvage a le bec jaune plutôt que rouge, et la tache de ses joues est jaune au lieu d'être noire. Il est plus petit que le premier; son chant passe pour être moins désagréable. Les anciens croyaient que le cygne près de mourir faisait entendre un chant très mélodieux.

L'OIE

Elle se distingue du cygne à son corps moins gros, à son col plus court et plus raide, à ses pieds élevés, moins écartés et plus portés en avant; elle se distingue du canard par son bec plus court que la tête, plus étroit en avant qu'en arrière, plus haut que large à sa base. Le mâle s'appelle *jars*. La femelle fait son nid à terre et y pond de six à huit œufs qu'elle couve pendant plus d'un mois. L'oiseau marche et pourvoit à sa nourriture dès qu'il est sorti de sa coquille. L'oie a la vue et l'ouïe excellentes, l'histoire des oies du Capitole prouve sa vigilance. Elle ne mérite point sa réputation de stupidité;

à l'état sauvage, pendant ses migrations, elle a recours à des combinaisons qui prouvent un instinct supérieur : les oies voyagent par troupes sur deux lignes formant un angle aigu : le mâle qui conduit se tient au sommet de l'angle et va se placer à l'extrémité de l'une des lignes lorsqu'il est fatigué; elles devinent la plupart des ruses des chasseurs et font échouer leurs plus habiles stratagèmes.

On élève des oies dans toute la France; on les engraisse spécialement pour leur foie à Strasbourg et à Toulouse pour faire des pâtés bien connus; elles aiment surtout le trèfle, la chicorée et la laitue. La peau garnie de son duvet est en fourrure estimée; les grosses plumes de l'aile servent pour écrire. Les oies sauvages diffèrent peu de nos oies domestiques ; elles partent du Nord et arrivent en France vers la fin d'octobre.

L'*oie rieuse*, grise et noire, est ainsi nommée à cause de son cri qui a quelque ressemblance avec le rire de l'homme.

L'EIDER

L'eider, qui ressemble beaucoup au canard en général, a pour caractère distinctif un long bec échancré à sa base par un angle que forment les plumes du front. Le mâle est blanchâtre, mais il a le ventre et la queue noirs. La femelle est grise, émaillée de brun. L'un et l'autre portent sous le ventre le duvet si estimé et dont on fait un commerce important.

Ce duvet, connu sous le nom d'*édredon*, est si élastique et si léger, que deux ou trois livres, en le passant et le réduisant à une pelote à tenir dans la main, vont se dilater jusqu'à remplir et renfler le couvre-pieds d'un grand lit.

Le meilleur duvet, que l'on nomme *duvet vif*, est celui que l'eider s'arrache pour garnir son nid, et que l'on recueille dans ce nid même. La femelle pond cinq ou six œufs, qu'elle renouvelle plusieurs fois lorsqu'on les lui ravit.

L'eider habite les mers glaciales et vit de poissons, de coquillages, de plantes marines et d'insectes qu'il prend en plongeant très profondément dans la mer.

LE CANARD

On divise l'espèce du canard en deux grandes races distinctes : les canards sauvages et les canards domestiques.

C'est vers le 15 octobre que paraissent en France les premiers canards : leurs bandes, d'abord petites, sont suivies, en novembre, par d'autres plus nombreuses. On reconnaît ces oiseaux, dans leur vol élevé, aux lignes inclinées et aux triangles réguliers que leur troupe trace, par sa disposition dans l'air.

La cane sauvage, comme les autres oiseaux aquatiques, place de préférence sa nichée près des eaux. On trouve ordinairement dans chaque nid dix à quinze et quelquefois jusqu'à dix-neuf œufs ; ils sont ordinairement d'un blanc verdâtre. Chaque fois que la femelle quitte ses œufs, elle les enveloppe dans le duvet qu'elle s'est arraché pour en garnir son nid. Jamais elle ne s'y rend au vol ; mais

lorsqu'une fois elle est tapie sur ses œufs, l'approche même d'un homme ne les lui fait pas quitter.

Tous les petits naissent dans la même journée, et dès le lendemain la mère descend du nid et les appelle à l'eau. Timides ou frileux, ils hésitent et même quelques-uns se retirent ; néanmoins le plus hardi s'élance après la mère, et bientôt les autres le suivent. Une fois sortis du nid, ils n'y rentrent plus.

Les jeunes canards acquièrent en six mois leur grandeur et toutes leurs couleurs : le mâle se distingue par une petite boucle de plumes relevées sur le croupion ; il a de plus la tête lustrée d'un riche vert d'émeraude, et l'aile ornée d'un brillant miroir ; le demi-collier blanc au milieu du cou, le beau brun pourpré de la poitrine et les couleurs des autres parties du corps sont assortis, nuancés, et font en tout un beau plumage qui est assez connu.

Dans la famille entière des canards, les mâles sont parés des plus belles couleurs, tandis que les femelles n'ont presque toutes que des robes unies, brunes, grises ou couleur de terre.

Il y a une foule de variétés dans cette espèce.

LES SARCELLES

La figure de la sarcelle commune est celle d'un petit canard, et sa grosseur celle d'une perdrix. Le plumage du mâle, avec des couleurs moins brillantes que celui du canard, n'en est pas moins riche en reflets agréables. Le devant du corps présente un beau plastron tissu de noir sur gris. Le dessus de la tête est noir, ainsi que la gorge. Des plumes longues et taillées en pointe couvrent les épaules et retombent sur l'aile en rubans blancs et noirs ; les couvertures qui tapissent les ailes sont ornées d'un petit miroir vert.

La parure de la femelle est bien plus simple ; vêtue partout de gris et de gris brun, à peine remarque-t-on quelques ombres d'ondes ou festons sur sa robe.

La sarcelle ordinaire, connue sous le nom de *racanette* ou *mercanette*, est longue de trente à quarante centimètres et ne reste en France qu'au printemps et en automne ; la sarcelle d'hiver, moins grande que la précédente, habite nos pays pendant toute l'année.

LE PÉLICAN

On a représenté sous la figure du pélican la tendresse paternelle se déchirant le sein pour nourrir de son sang sa famille languissante ; mais cette fable ne devait pas s'appliquer au pélican, qui vit dans l'abondance et qui a une grande poche dans laquelle il porte en réserve le produit de sa pêche.

Le pélican égale ou même surpasse le cygne en grandeur, ses jambes sont très basses, tandis que ses ailes sont tellement étendues que l'envergure en est d'environ quatre mètres. Il se soutient donc très aisément et très longtemps dans l'air : il s'y balance avec légèreté, et ne change de place que pour tomber à plomb sur sa proie.

C'est de cette manière que les pélicans pêchent lorsqu'ils sont seuls ; mais en troupes ils savent varier leurs manœuvres et agir de concert.

Ce gros oiseau paraît susceptible de quelque éducation, et même d'une certaine gaieté, malgré sa pesanteur ; il n'a rien de farouche et s'habitue volontiers avec l'homme.

En général, ces oiseaux paraissent appartenir spécialement aux climats plutôt chauds que froids.

Le nid du pélican se trouve communément au bord des eaux.

Cet oiseau, aussi vorace que grand déprédateur, engloutit dans une seule pêche autant de poissons qu'il en faudrait pour le repas de six hommes ; il avale aisément un poisson de trois ou quatre kilogrammes.

LA FRÉGATE

La frégate, de la grosseur d'une poule, mais avec des ailes démesurément longues, a la tête blanche avec le plumage du corps noir tacheté de blanc. La femelle ne pond qu'un ou deux œufs d'un blanc de chair tacheté de rouge.

Le meilleur voilier, le plus rapide de nos vaisseaux, la frégate, a donné son nom à l'oiseau qui vole avec le plus de vitesse sur les mers. Balancé sur des ailes d'une prodigieuse longueur, se soutenant sans mouvement sensible, cet oiseau semble nager paisiblement dans l'air tranquille, pour attendre l'instant de fondre sur sa proie avec la rapidité d'un trait ; et lorsque les airs sont agités par la tempête, légère comme le vent, la frégate s'élève jusqu'aux nues et va chercher le calme en s'élançant au-dessus des orages. Elle voyage en tous sens, en hauteur comme en étendue ; elle se porte au large à plusieurs centaines de lieues et fournit tout d'un vol ces traites immenses.

LE CORMORAN

Aussi bon plongeur que nageur et grand destructeur de poisson, le cormoran est un assez grand oiseau à pieds palmés. Il est à peu près de la grandeur de l'oie ; mais sa taille est allongée par une grande queue, composée de quatorze plumes raides, qui sont, ainsi que presque tout le plumage, d'un noir lustré de vert.

Le cormoran est d'une telle adresse à pêcher et d'une si grande voracité que, quand il se jette sur un étang, il y fait seul plus de dégâts qu'une troupe entière d'autres oiseaux pêcheurs.

Dans quelques pays, comme en Chine et autrefois en Angleterre, on a su mettre à profit le talent du cormoran pour la pêche et en faire pour ainsi dire un pêcheur domestique.

L'HIRONDELLE DE MER

L'hirondelle de mer, ou sterne, ressemble beaucoup aux mouettes ; elle a le bec effilé, tranchant, pointu, des ailes très longues échancrées, une queue en général fourchue.

Cette hirondelle, hardie et adroite, se précipite dans la mer sur le poisson qu'elle guette, et qu'elle digère presque aussi promptement qu'elle le prend, car il se fond en peu de temps dans son estomac.

LES GOÉLANDS ET LES MOUETTES, LE LABBE OU STERCORAIRE

Tous ces oiseaux, goélands et mouettes, sont également voraces et criards : on peut dire que ce sont les vautours de la mer; ils la nettoient des cadavres de toute espèce qui flottent à sa surface ou qui sont rejetés sur les rivages. Aussi lâches que gourmands, ils n'attaquent que les animaux faibles et ne s'acharnent que sur les corps morts.

Les goélands et les mouettes ont également le bec tranchant, allongé, aplati par les côtés, avec la pointe renforcée ou recourbée en croc. Leur tête est grosse. Ils courent assez vite sur les rivages et volent encore mieux

au-dessus des flots. Ils sont fournis d'un duvet fort épais, surtout à l'estomac.

Ces oiseaux se tiennent en troupes sur les rivages de la mer; souvent on les voit couvrir de leur multitude les écueils et les falaises qu'ils font retentir de leurs cris importuns.

Les goélands et les mouettes viennent du Nord et font, en suivant les navires, des traversées de trois mille kilomètres sans se reposer; ils se nourrissent de cadavres de poissons. Ils déposent leurs œufs en très grand nombre dans les rochers.

Le *labbe* doit son nom à son cri *lab lab!* Il a un bec cylindrique, muni d'un onglet; il est brun avec un miroir blanc sur l'aile : il excerce un empire tyrannique sur les mouettes, les goélands et les fous, qu'il poursuit à coups de bec pour leur faire dégorger leur proie et la leur enlever.

LES PÉTRELS

Pourvus de longues ailes, munis de pieds palmés, les pétrels ajoutent à l'aisance, à la légèreté du vol et à la facilité de nager, la singulière faculté de courir et de marcher sur l'eau, en effleurant les ondes par le mouvement d'un transport rapide, dans lequel le corps est horizontalement soutenu et balancé par les ailes. Ils nourrissent et engraissent leurs petits en leur dégorgeant dans le bec la substance, à demi digérée et déjà réduite en huile, des poissons dont ils font leur principale nourriture. Quand on les attaque, la peur ou l'espoir de se défendre leur fait rendre l'huile dont ils ont l'estomac rempli : ils la lancent au visage et aux yeux du chasseur.

L'ALBATROS

Sans même en excepter le cygne, l'albatros est le plus gros des oiseaux d'eau ; il n'habite que les mers australes.

Sa très forte corpulence lui a fait donner le nom de *mouton du Cap*. Le fond de son plumage est d'un blanc gris, brun sur le manteau, avec de petites hachures noires au dos et sur les ailes. La tête est grosse et de forme arrondie ; son bec crochu est très grand et très fort, et pourtant l'albatros n'attaque pas même les grands poissons, et ne vit que de petits animaux marins.

LE GRÈBE

Le grèbe est bien connu par ces beaux manchons d'un blanc argenté qui ont, avec la moelleuse épaisseur du duvet, le ressort de la plume et le lustre de la soie. Son plumage, sans apprêt et en particulier celui de la poitrine, est, en effet, un beau duvet très serré, très ferme, bien peigné, et dont les brins lustrés se couchent et se joignent de manière à ne former qu'une surface glacée, luisante et aussi impénétrable au froid de l'air qu'à l'humidité de l'eau. Ce vêtement à toute épreuve est nécessaire au grèbe, qui, dans les plus rigoureux hivers, se tient constamment sur les eaux.

LES PLONGEONS

On donne le nom de *plongeons* aux oiseaux qui ont l'habitude de plonger jusqu'au fond de l'eau en poursuivant leur proie ; ils diffèrent des autres oiseaux aquatiques en ce qu'ils ont le bec droit, pointu, et les doigts entièrement palmés.

LES PINGOUINS ET LES MANCHOTS OU OISEAUX SANS AILES

Les pingouins et les manchots paraissent tenir le milieu entre les oiseaux et les poissons. En effet, ils ont, au lieu d'ailes, de petits ailerons que l'on dirait couverts d'écailles plutôt que de plumes, et qui leur servent de nageoires, avec un gros corps, uni et cylindrique, à l'arrière duquel sont attachées deux larges rames, plutôt que deux pieds.

A terre leur marche est lourde et lente : pour avancer et se soutenir sur leurs pieds courts et posés tout à l'arrière du ventre, il faut qu'ils se tiennent debout, leur gros corps redressé en ligne perpendiculaire avec le cou et la tête.

Mais autant ils sont pesants et gauches à terre, autant ils sont lestes et prestes dans l'eau, où ils restent longtemps plongés.

C'est au manchot qu'on peut spécialement donner le nom d'*oiseau sans ailes;* et même d'*oiseau sans plumes.*

En effet, non seulement ses ailerons pendants semblent couverts d'écailles, mais tout son corps n'est revêtu que

d'un duvet pressé, offrant toute l'apparence d'un poil ras et serré.

Au contraire, le pingouin du Nord a le corps revêtu de véritables plumes.

Lorsque les glaces sur lesquelles les manchots sont gîtés viennent à flotter, ils voyagent avec elles et sont transportés à d'immenses distances de toute terre.

TROISIÈME PARTIE

REPTILES ET POISSONS

LES TORTUES

Parmi les reptiles on distingue d'abord les tortues, dont le corps est enfermé dans une sorte de cuirasse osseuse qui ne laisse d'ouvertures que pour la tête, les quatre pattes et la queue ; on nomme *carapace* l'écaille du dos, et *plastron* celle du ventre. Les tortues de terre ou tortues

proprement dites se reconnaissent à leurs pieds propres à la marche et non à la nage.

Elles peuvent passer pour un des plus lents des quadrupèdes ovipares; elles emploient beaucoup de temps pour parcourir le plus petit espace ; mais si elles ne s'avancent que lentement, les mouvements des diverses parties de leur corps sont quelquefois assez agiles.

Les principales variétés sont les suivantes :

La *tortue grecque*, qui se nourrit de limaçons, de vers

et de petits insectes : elle est fort utile dans les jardins.

L'*émyde*, appelée aussi *tortue des marais*.

Parmi les *tortues d'eau douce*, on cite la *bourbeuse*.

Les *tortues de mer* ont la carapace glacée de verdâtre et plus ou moins marbrée.

Leur chair joint à un goût exquis une vertu des plus salutaires.

Elles pondent en avril sur le rivage de la mer, où elles cachent leurs œufs dans le sable, laissant au soleil le soin de les faire éclore.

LES LÉZARDS

Les lézards sont reconnaissables à l'espèce de bouclie formée par le prolongement des os du crâne, à leur deux pans de pattes, à leur queue généralement assez longue et flexible, très cassante, mais qui repousse facilement. Leur nourriture se compose, pour les grosses espèces, de poissons et d'ossements de quadrupèdes ; pour les petites, de vers, d'insectes, d'œufs, d'oiseaux et de fruits.

LE CROCODILE

Incapable de désirs très ardents, il ne ressent pas la férocité. S'il se nourrit de proie, s'il attaque même quelquefois l'homme, ce n'est pas, comme fait le tigre, pour assouvir un appétit cruel, pour obéir à une soif de sang que rien ne peut étancher, mais uniquement pour satisfaire des besoins d'autant plus impérieux, qu'il doit entretenir une masse plus considérable.

La forme générale du crocodile est assez semblable, en grand, à celle des autres lézards, sa tête est allongée,

aplatie et fortement ridée, le museau gros et un peu arrondi ; au-dessus est un espace rond, rempli d'une substance noirâtre, molle et spongieuse, où sont placées les ouvertures des narines; la gueule s'ouvre jusqu'au delà des oreilles; les mâchoires ont plusieurs pieds de longueur.

Les dents sont quelquefois au nombre de trente-six dans la mâchoire supérieure et trente dans la mâchoire inférieure. Elles sont fortes, un peu creuses, pointues, inégales en longueur, et un peu courbées en arrière : leur disposition est telle que, quand la gueule est fermée, elles passent les unes entre les autres.

La mâchoire inférieure est la seule mobile dans le crocodile, ainsi que dans les autres quadrupèdes.

La nature a pourvu à la sûreté des crocodiles en les

revêtant d'une armure presque impénétrable. Tout leur corps est couvert d'écailles excepté le sommet de la tête, où la peau est collée immédiatement sur l'os.

Les *caïmans* ou *alligators*, originaires des grands fleuves de l'Amérique, ont le museau large et obtus, les dents très inégales, les pieds à demi palmés ; ils atteignent à quatre ou cinq mètres de longueur.

Les *gavials* ont le museau étroit, allongé, surmonté d'une protubérance particulière.

LE CHLAMYDOSAURE OU LÉZARD A MANTEAU

Le lézard à manteau, ou chlamydosaure, n'est pas le moins extraordinaire des animaux de l'Australie. Sa

taille atteint près de quatre-vingt-cinq centimètres de longueur, avec sa queue grêle et cylindrique, recouverte, comme le reste du corps, de petites écailles. Ce que cet animal a de plus singulier, c'est une énorme collerette de peau mince, couverte d'écailles rhomboïdales et carénées. Cette espèce de manteau est dentelée en scie à son bord supérieur.

Le chlamydosaure fait une guerre à mort aux insectes ailés, mouches, papillons, etc.

L'IGUANE

On reconnaît l'iguane au goitre ou poche énorme qu'il a sous le cou, et à la rangée d'écailles pointues placées comme une crête sur le dos et la queue. Le dessus de son corps varie, à sa volonté, du bleu au vert et au jaunâtre. Il atteint jusqu'à un mètre et demi ; sa chair est estimée. On peut l'apprivoiser.

LE BASILIC

On a fait autrefois bien des contes merveilleux et ridicules sur cet animal pourtant bien inoffensif. On le représentait tantôt comme un affreux serpent à huit pattes, comme un dragon dont le regard seul suffisait pour donner la mort.

C'est un lézard voisin des iguanes, et reconnaissable à une sorte de capuchon en forme de couronne qu'il a sur la tête. Il vit sur les arbres comme presque tous les lézards, qui, ayant les doigts divisés, peuvent y grimper avec facilité et en saisir aisément les branches. Non seulement il peut y courir assez vite, mais, remplissant d'air son espèce de capuchon, déployant sa crête, augmentant son volume, et devenant par là plus léger, il saute et voltige, pour ainsi dire, avec agilité de branche en branche. Son séjour n'est cependant pas borné au milieu des bois; il va à l'eau sans peine, et, lorsqu'il veut nager, il enfle également son capuchon et étend ses membranes.

On trouve surtout le basilic dans l'Amérique méridionale.

LES PETITS LÉZARDS

Le lézard *gris* paraît être le plus doux, le plus innocent et l'un des plus utiles d'entre les lézards. Ce joli petit animal si commun dans notre pays, n'a pas reçu de la nature un vêtement aussi éclatant que plusieurs autres quadrupèdes ovipares ; mais sa petite taille est svelte, ses

mouvements agiles, sa course si prompte, qu'il échappe à l'œil aussi rapidement que l'oiseau qui vole.

Tout est délicat et doux à la vue dans ce petit lézard. Sa couleur est grise, son ventre est peint de vert changeant en bleu ; il n'est aucune de ses écailles dont le reflet ne soit agréable.

Il se nourrit de proie vivante, insectes, lombrics, etc., qu'il chasse avec une patience et une habileté étonnantes. On le voit alors, dressé sur ses pattes antérieures et le cou tendu, comme ferait un chien d'arrêt, suivre les mouvements de la proie qu'il convoite, attendre le moment opportun et se lancer tout à coup sur elle en la saisissant par la tête et dans sa large gueule; il secoue ensuite l'animal pour l'étourdir et achève de le tuer en l'écrasant entre ses dents; le lézard ne boit que très peu et en lappant à la manière des chiens avec sa petite langue.

Le lézard *vert*, qui atteint quelquefois jusqu'à 40 centimètres de long, est remarquable par sa belle couleur verte, ponctuée de taches jaunes. En Afrique, on le mange comme un mets délicat.

Le lézard *ocellé* se trouve en Afrique et dans l'Europe méridionale. Long de 40 centimètres environ, il est vert avec des lignes de points noirs et de grandes taches bleues arrondies sur les flancs.

LE DRAGON

Malgré toutes les fables qu'on a débitées sur lui, le dragon est un animal aussi petit que faible, c'est un lézard innocent et tranquille, un des moins armés de tous les quadrupèdes ovipares, et qui, par une conformation particulière, a la facilité de se transporter avec agilité, et de voltiger de branche en branche dans les forêts qu'il habite; les espèces d'ailes dont il a été pourvu, son corps de lézard, et tous ses rapports avec les serpents, lui ont fait donner le nom de dragon par les naturalistes.

LE CAMÉLÉON

Cet animal qui ressemble assez à un gros lézard, est reconnaissable à sa peau chagrinée, à son corps comprimé, dentelé en dessus, à sa queue prenante et recourbée en dessous, à son cou goitreux et à sa longue langue. Il atteint jusqu'à 50 centimètres de long. On le trouve dans les contrées les plus chaudes de l'Asie, de l'Afrique et de l'Amérique. Il peut rester des mois entiers sans manger, et il a la propriété spéciale de prendre la couleur des objets sur lesquels on le pose.

C'est l'emblème de l'homme qui change sans cesse d'opinions.

LA SALAMANDRE TERRESTRE

La salamandre a donné lieu aux contes les plus merveilleux ; on a dit qu'elle pouvait passer au milieu des flammes sans en ressentir la moindre atteinte. La vérité est que l'humeur blanchâtre qui sort des pores de sa peau la préserve pendant quelque temps de l'ardeur du feu. Elle atteint de 15 à 20 centimètres. Sa peau est garnie d'une quantité de mamelons, et percée d'un grand nombre de petits trous, par lesquels découle une sorte de lait qui forme un vernis transparent au-dessus de la peau naturellement sèche.

La couleur de ce lézard est très foncée ; elle prend une teinte bleuâtre sur le ventre, et présente des taches jaunes assez grandes, irrégulières, et qui s'étendent sur tout le corps, même sur les pieds et sur les paupières.

La salamandre terrestre n'a point de côtes, ainsi que les grenouilles auxquelles elle ressemble d'ailleurs par la forme générale de la partie antérieure du corps. Lorsqu'on la touche, elle se couvre promptement de cette espèce d'enduit dont nous avons parlé, et elle peut également faire passer très rapidement sa peau de cet état humide à celui de sécheresse.

LES BATRACIENS

LA GRENOUILLE COMMUNE, LA RAINETTE

Le museau de la grenouille se termine en pointe ; ses yeux sont gros, brillants et entourés d'un cercle couleur d'or ; elle a les oreilles placées derrière les yeux et recouvertes par une membrane, les narines vers le sommet du museau ; sa bouche est grande, sans dents ; et son corps, rétréci par derrière, présente sur le dos des tubercules et des aspérités. Le dessus du corps est d'un vert plus ou moins foncé, le dessous est blanc.

La grenouille est un des quadrupèdes ovipares les mieux partagés par les sens extérieurs. Ses yeux sont gros et saillants ; sa peau molle est sans cesse abreuvée et maintenue dans sa souplesse par une humeur visqueuse qui suinte au travers de ses pores : elle a la vue très bonne. le toucher délicat et l'ouïe fine. Ses petits s'appellent *têtards*.

On distingue la *rousse* à la tache noire qu'elle a entre les deux yeux et les pattes de devant ; la *mugissante*, orinaire de Virginie, ainsi appelée à cause de son cri qui ressemble au mugissement d'un taureau.

La *rainette* se distingue de la grenouille proprement dite par les pelôtes ou sortes de disques élargis, visqueux, au moyen desquels elle se fixe solidement sur les arbres, sur les feuilles et sur les corps les plus lisses. Elle se

tient dans les parcs, dans les jardins et le long des pièces d'eau. Elle peut servir de baromètre si on la tient dans un bocal où on a mis une petite échelle. Elle se plonge dans l'eau à l'approche de la pluie et monte au contraire en haut de l'échelle quand il doit .aire beau temps.

LES CRAPAUDS

On distingue le crapaud de la grenouille par son corps trapu, ramassé et couvert de verrues, par ses doigts courts, plats et inégaux ; il n'a point de dents, ses paupières sont gonflées et ses yeux, assez gros et saillants, révoltent par la colère qui paraît souvent les animer.

Non seulement il ne peut pas marcher, mais il ne saute qu'à une très petite hauteur : lorsqu'il se sent pressé, il lance contre ceux qui le poursuivent les sucs fétides dont il est imbu ; il fait jaillir une liqueur limpide qui, dans certaines circonstances, est plus ou moins nuisible. Il transpire de tout son corps une humeur laiteuse, et il découle de sa bouche une bave qui peut infecter les herbes et les fruits sur lesquels il passe, de manière à incommoder ceux qui en mangent sans les laver.

Le crapaud habite ordinairement dans les fossés, surtout dans ceux où une eau fétide croupit depuis longtemps; on le trouve dans les fumiers, dans les caves, dans les antres profonds et dans les forêts.

Le *pustuleux* est remarquable par ses doigts garnis de pustules et de tubercules épineux.

Le *pipa* est un des plus gros crapauds de l'Amérique du Sud.

LES SERPENTS

Pour signes distinctifs des reptiles appelés serpents, nous citerons le corps très allongé, cylindrique, sans pieds, se mouvant au moyen de replis plus ou moins grands.

Les espèces des serpents sont en grand nombre; on en compte plus de cent quarante. Quelques-unes parviennent à une taille très considérable; elles ont plus de trente pieds, et souvent même plus de quarante pieds de longueur (plus de treize mètres). Toutes sont couvertes d'écailles ou de tubercules écailleux, qu'elles lient les uns avec les autres, comme les lézards et les poissons.

LA VIPÈRE

Ainsi nommée d'un mot latin (*vipera*, dérivé de *vivipara*, parce qu'elle met bas des petits vivants), la vipère est caractérisée principalement par ses crochets isolés, mobiles, aigus, contenant du venin dans l'intérieur, et placés au-dessous de la mâchoire supérieure. Elle atteint de cinquante à soixante-dix centimètres de longueur; elle est brune et roussâtre, quelquefois d'un gris cendré, avec une raie noire sur le dos et des taches de même couleur aux flancs; sa tête triangulaire est plus large que le corps.

Quelque subtil que soit le poison de la vipère, il paraît qu'il n'a point d'effet sur les animaux qui n'ont pas de sang; et, à l'égard des animaux à sang chaud la morsure de la vipère leur est d'autant moins funeste que leur grosseur est plus considérable.

Si l'on vient à être mordu par une vipère, il faut laver immédiatement la plaie avec de l'eau salée; on applique ensuite des ventouses et l'on cautérise avec le nitrate d'argent.

L'ASPIC

Plusieurs naturalistes ont écrit et ont cru que ce serpent n'est pas venimeux; nous croyons, avec Linné, que ses crochets renferment un poison dangereux. L'aspic est brun ou roussâtre et porte sur le dos une double rangée de taches noires transversales formant une bande en zigzag. On le trouve en France, surtout dans nos provinces du Nord.

LE SERPENT A LUNETTES OU NAJA

Bien loin que la vue de ce serpent inspire de l'effroi à ceux qui ne connaissent pas l'activité de son poison, on le contemple avec une sorte de plaisir et on l'admire à cause de ses belles écailles. Une raie est placée sur son cou, se repliant en avant et se terminant par deux crochets. Ces crochets colorés ressemblent imparfaitement à deux yeux, et la ligne recourbée ressemble assez à des lunettes; de là vient le nom de ce reptile féroce, dont la morsure est mortelle. Il atteint à plus d'un mètre de longueur; on le trouve surtout aux Indes orientales.

LE CÉRASTE

De l'espèce vipère, ce serpent, commun en Égypte, a pour caractère distinctif deux petites cornes qui s'élèvent au-dessus de ses yeux, au milieu des écailles qui forment la partie supérieure de l'orbite. Il a pour ennemis les aigles et les oiseaux de proie. On le trouve en Égypte.

Le serpent à lunettes.

Sa couleur présente un mélange de jaunâtre, de gris et de noir.

LA COULEUVRE

On trouve très communément ce serpent en France, et

surtout dans nos provinces du Midi. Il est aussi innocent que la vipère est dangereuse : paré de couleurs plus vives que ce reptile funeste, doué d'une grandeur plus considérable, plus svelte dans ses proportions, plus agile dans ses mouvements, plus doux dans ses habitudes, n'ayant aucun venin à répandre, il devrait être vu avec autant de plaisir que la vipère avec effroi. Il n'a pas, comme les vipères, des dents crochues et mobiles ; il ne vient pas au jour tout formé, et ce n'est que quelque temps après la ponte que les petits éclosent.

Cet animal peut être aisément distingué de tous les autres serpents, et particulièrement des dangereuses vipères, par les belles couleurs dont il est revêtu. Il atteint jusqu'à deux mètres de long, et vit surtout de grenouilles, de crapauds, de poissons, d'insectes, de vers, et même d'oiseaux.

La *couleuvre à collier*, variété de la précédente, est d'un gris d'ardoise, avec une bande blanche ou jaunâtre bordée de noir sur le cou. La *couleuvre des dames* est noire et blanche.

LE BOA OU DEVIN

Répandu en Asie, en Afrique et en Amérique, le boa est un de ces serpents non venimeux, mais redoutables par leur grande taille et leur force musculaire. Il atteint jusqu'à dix mètres de longueur et devient gros comme le corps d'un homme. Brun sur le dos, jaune sur les flancs, il est blanc et noir sous le ventre : une tête large et élevée au sommet, des yeux saillants, une large gueule, et de longues dents, annoncent sa force. Il peut, en effet, écraser les plus gros animaux dans les replis multipliés de son corps. On le regarde comme le roi des serpents.

Lorsqu'il aperçoit un ennemi dangereux, ce n'est point avec ses dents qu'il commence un combat qui serait alors trop désavantageux pour lui ; mais il se précipite avec tant de rapidité sur sa malheureuse victime, l'enveloppe dans ses contours, la serre avec tant de force, fait craquer

ses os avec tant de violence que, ne pouvant ni s'échapper ni user de ses armes, et réduite à pousser de vains mais d'affreux hurlements, elle est bientôt étouffée sous les efforts multipliés du monstrueux reptile.

LE SERPENT A SONNETTE OU BOIQUIRA

Il atteint jusqu'à deux mètres de longueur; sa queue est terminée par des écailles cornées, mobiles les unes sur les autres, et qui, quand l'animal s'agite, produisent un bruit assez semblable à celui de plusieurs sonnettes.

La tête, grosse et trapue, offre un museau court; sa gueule dangereuse laisse couler un venin si violent qu'à peine inoculé par la morsure il suffit pour faire mourir l'homme et les animaux de grande taille. L'eau-de-vie et le prénanthe passent pour d'excellents antidotes contre ce venin.

Les sauvages de l'Amérique, quand ils trouvent ce serpent engourdi après s'être repu, fixent un bâton fourchu par-dessus son cou dans la terre et lui présentent un morceau de cuir à mordre, ce que le serpent ne manque pas de faire. Ils retirent ensuite le morceau de cuir avec violence en sorte que les crochets envenimés sont arrachés. Alors ils lui coupent la tête, le dépouillent et le font cuire. Sa chair est, dit-on, excellente.

L'ORVET

Nous trouvons ce reptile dans toute l'Europe, dans l'Afrique et dans l'Asie. Il atteint quarante à cinquante centimètres. Il est inoffensif et se nourrit comme la couleuvre.

POISSONS

Fécondité, beauté, existence très prolongée, tels sont les attributs remarquables des habitants des eaux. La rougeur plus ou moins vive de leur sang empêche de les confondre avec les vers, les insectes et tous les animaux à sang blanc. Ils ont un organe respiratoire particulier appelé *branchies*, très différent des poumons.

LA LAMPROIE

Assez semblable par la forme aux sangsues et par la

taille aux plus grosses anguilles, la lamproie se distingue

par sept ouvertures rangées de chaque côté du corps les unes au-dessus des autres, et par la faculté qu'elle a de s'attacher aux corps étrangers par la bouche. La grande lamproie peut atteindre à un mètre de longueur; elle est marbrée de brun sur un fond jaunâtre. On la trouve communément dans la Méditerranée. Elle pond des œufs en grand nombre; elle se nourrit de vers marins, de poissons et de chair morte.

LA RAIE

On reconnaît la raie à son corps large, aplati horizontalement en forme de disque, à ses nageoires pectorales très larges, charnues, amples, à sa queue longue et mince et à sa large bouche armée de petites dents. Elle n'habite que l'eau salée et se nourrit de petits poissons et de crus-

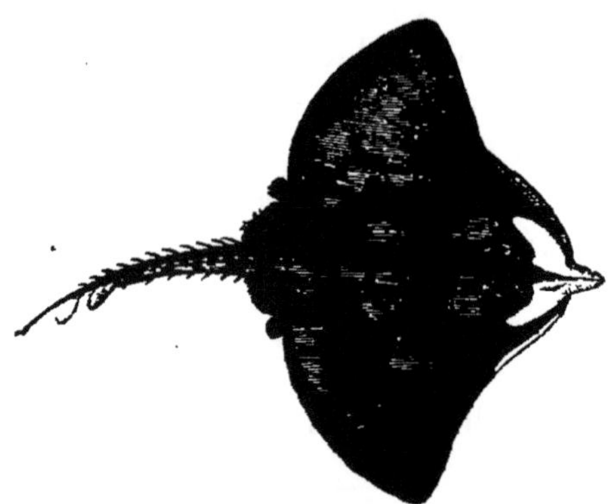

tacés. Sa couleur offre le mélange d'un gris cendré orné de taches noirâtres, irrégulières et sinueuses, et d'une teinte plus ou moins faible, les unes petites, les autres grandes. On a trouvé des raies qui pesaient plus de cent kilogrammes (deux cents livres). Leur chair blanche passe avec raison pour un mets très délicat. Elles habitent la mer Méditerranée.

LA TORPILLE

Elle appartient au genre Raie et se distingue par son corps presque circulaire, et surtout par un appareil électrique fort singulier, formé de petits tubes membraneux remplis de mucosité. C'est grâce à cet appareil que la torpille peut imprimer une forte et subite commotion aux corps vivants qui s'approchent d'elle, les paralyser et souvent les frapper de mort. La torpille commune, qui habite la Méditerranée, de couleur rousse, noire et blanche, est longue d'environ soixante centimètres.

LE GYMNOTE ÉLECTRIQUE

On reconnaît le gymnote à son dos totalement privé de nageoires, et à celle qui s'étend sous la plus grande partie de son corps cylindrique et serpentiforme, long d'environ un mètre. Des trous dont la peau est percée sort une liqueur visqueuse. Comme la torpille, il engourdit, même à distance, les poissons, les autres animaux et l'homme. L'organe où réside l'électricité se compose de lames membraneuses unies fortement entre elles, remplies d'une matière gélatineuse et s'étendant sous la queue. Il offre un mélange de gris et de noir.

LE REQUIN

Le requin est reconnaissable à sa tête aplatie de haut

en bas, à son museau saillant et arrondi, à sa bouche très

fendue, hérissée de dents triangulaires, pointues et dentelées sur les bords. Son corps, qui atteint jusqu'à huit ou neuf mètres et même plus, a la forme d'un cône très allongé et est terminé par une nageoire fourchue. Fort et vorace, il dévaste toutes les mers. Sa chair, dure et coriace, est difficile à digérer; cependant les nègres de Guinée s'en nourrissent; les Irlandais l'emploient en guise de lard ou la font bouillir pour en tirer l'huile.

LA SCIE

On reconnaît ce poisson à son long museau déprimé en forme de bec, garni de chaque côté de fortes épines osseuses, tranchantes, aiguës, implantées comme des dents de scie; son corps est allongé, aplati et sans écailles; ses nageoires sont larges, elle atteint jusqu'à cinq mètres et fait la guerre aux plus gros cétacés, même à la baleine.

L'ESTURGEON

Quelques esturgeons parviennent à une longueur de plus de huit mètres; leur corps est garni de plaques osseuses arrondies, placées en rangées longitudinales. Ils sont faibles et inoffensifs; ils vivent de vers, de mollusques,

de maquereaux, de harengs et de morues. Chaque femelle de l'*esturgeon commun* porte plus d'un million d'œufs, pesant ensemble environ cent kilogrammes; on en fait le *caviar*.

LE TRIODON, LA MOLE OU LUNE DE MER

Ces poissons ont leurs mâchoires garnies d'une couche d'ivoire provenant de la soudure des dents; leur corps comprimé, avec un dos tranchant et une queue courte. Il y a plusieurs individus de cette famille qui ont la faculté de se gonfler comme un ballon en introduisant une grande quantité d'air dans leur estomac qui occupe toute la largeur du ventre; ils flottent alors renversés sur le dos. Ils se nourrissent de mollusques et de crustacés. La *mole*, qui s'appelle aussi *lune de mer*, à cause de la forme orbiculaire de son corps, habite la Méditerranée ; elle pèse quelquefois jusqu'à deux cent cinquante kilogrammes.

L'ANGUILLE ET LE CONGRE

De loin, l'anguille ressemble assez au serpent; elle a, comme lui, le corps allongé et cylindrique. Sa tête est mince, son museau un peu pointu, et sa mâchoire inférieure est plus avancée que la supérieure.

Elle a ordinairement quarante à cinquante centimètres de long, et abonde dans toutes les eaux douces de l'Europe.

Le *congre* ou *anguille de mer* dépasse quelquefois deux mètres de longueur ; son corps offre un mélange de bleu et de noir ; il vit de petits poissons et de mollusques.

L'ESPADON ET LE LOUP DE MER

Au premier aspect, l'espadon nous rappelle le requin. Analogue aux précédents, il tient parmi les osseux une place semblable à celle que les squales occupent parmi les cartilagineux.

Son museau se prolonge en une lame plate, tranchante des deux côtés et terminée par une pointe aiguë, égalant en longueur le tiers de celle de l'animal, qui atteint jusqu'à sept mètres. Il combat les gros poissons et les jeunes cétacés. Sa chair est délicate ; on le pêche au harpon, comme la baleine.

On peut mettre à côté de l'espadon le *loup de mer*,

féroce et vorace, armé de dents redoutables, et grand destructeur de poissons : il atteint à cinq mètres de longueur.

L'HIPPOCAMPE

Ce poisson ainsi nommé de deux mots grecs, qui signifient *encolure de cheval*, est remarquable par son tronc comprimé, bien plus élevé que la queue et long

de trente centimètres environ ; il se trouve dans nos mers, mais son espèce est peu répandue. Il se nourrit de vers et de poissons.

LA MORUE

La morue a la tête comprimée ; les yeux, placés sur les côtés, sont très gros et fort peu rapprochés l'un de l'autre; ils sont voilés par une membrane transparente; et cette dernière conformation donne à l'animal la faculté de nager à la surface des mers septentrionales, au milieu des montagnes de glace, auprès des rivages couverts de neige congelée et resplendissante, sans être ébloui par la grande quantité de lumière réfléchie sur ces plages boréales.

La morue se distingue des genres voisins par ses trois nageoires dentelées, ses deux ovales et son barbillon

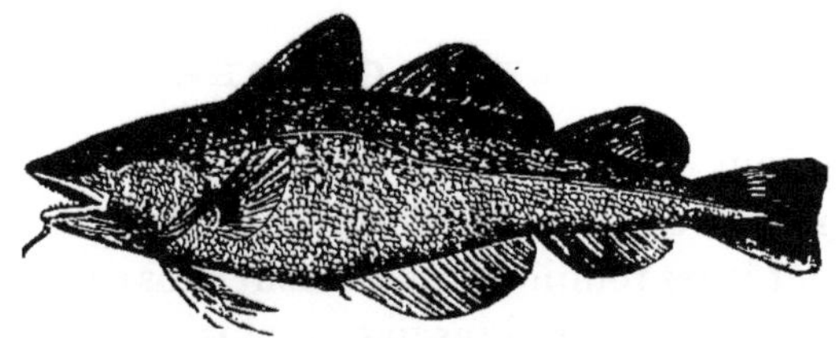

attachés à la mâchoire inférieure. La morue franche atteint à plus d'un mètre de longueur.

Son corps est couvert de grosses écailles grises, blanches, dorées et jaunâtres. Elle vit de poissons, surtout de harengs, de crustacés et de mollusques. On a trouvé dans une femelle de morue jusqu'à quatre millions d'œufs. On la pêche en février et en mai; on la sale, on la fait sécher et on la conserve.

LE MERLAN, LE THON ET LA BONITE

Voisin des morues, dont il diffère par l'absence des barbillons, le merlan est caractérisé par son corps peu allongé, couvert d'écailles à peine visibles, de couleur argentée. Sa chair est tendre, légère, facile à digérer, mais peu nourrissante; on le pêche toute l'année. Il atteint une longueur de trente à quarante-cinq centimètres. Il se nourrit de vers, de mollusques, de jeunes poissons et de crabes.

Le *thon commun*, qui vit dans toutes les mers, où il se nourrit de maquereaux, de harengs et de sardines, a le corps aplati, plus gros au milieu qu'aux extrémités, la tête petite, émoussée, l'œil gros, la bouche large et garnie de dents pointues, les écailles très petites et faciles à détacher. Il a deux ou trois mètres de long et peut peser jusqu'à cinq cents kilogrammes.

On pêche le thon surtout à Marseille et à Nice : frais ou salé, il est toujours d'un goût délicat et savoureux. On le fait aussi mariner dans l'huile et le sel.

LE MAQUEREAU

Au sein même de l'océan Polaire, les maquereaux vivent en troupes nombreuses. Les diverses cohortes que forment leurs réunions renferment dans ces mers arctiques d'autant plus d'individus que, moins grands que les thons et d'autres poissons de leur genre, et doués par con-

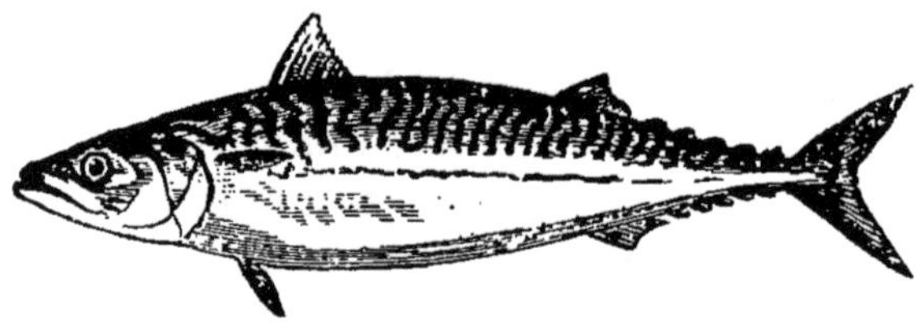

séquent d'une force moins considérable, ils sont moins excités à se livrer les uns aux autres des combats meurtriers. Et ce n'est pas seulement dans ces mers hyperboréennes que leurs légions comprennent des milliers d'individus.

On les trouve également dans presque toutes les mers chaudes ou tempérées des quatre parties du monde, dans le Grand Océan, auprès du pôle antarctique, dans l'Atlantique et dans la Méditerranée.

On dit que, vers le printemps, la grande armée des maquereaux côtoie l'Islande, le Jutland, l'Écosse et l'Irlande. Là elle se divise en deux colonnes : l'une passe devant l'Espagne et le Portugal ; l'autre va dans la Baltique. Ils remontent au pôle vers l'hiver.

Le maquereau n'a que des écailles imperceptibles ; son corps est rond et allongé en forme de fuseau ; il présente un mélange de bleu, de vert irisé, de blanc argenté. On le mange frais ou salé.

LA SCORPÈNE HORRIBLE

La scorpène horrible, appelée aussi *diable de mer*, a jusqu'à soixante centimètres de long ; on la reconnaît à son corps oblong, à son dos peu convexe, à son ventre

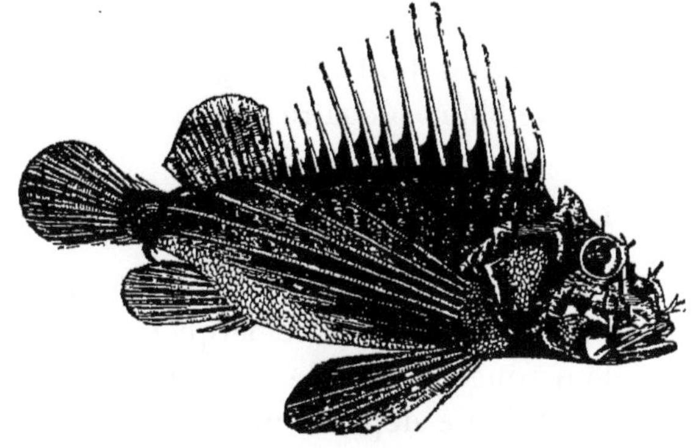

renflé et à sa tête grosse, épineuse, dénuée d'écailles et armée de dents. Sa chair est délicate ; sa laideur lui a valu son nom.

LA DORADE, LA LIMANDE, LA SOLE ET LA PLIE

Si plusieurs poissons présentent un vêtement plus varié que la dorade, aucun n'a reçu de parure plus élégante ; elle est à reflets d'argent et d'azur, relevés de noir et de brun, avec un croissant d'or au-dessus de chaque œil. La dorade vit dans les eaux douces et salées ; elle pèse jusqu'à dix kilogrammes et a de trente à quarante centimètres de longueur. Elle vit d'insectes, de vers, de petits poissons, etc. On peut l'élever dans des bocaux de verre.

La *limande*, qui ressemble beaucoup à la sole, en

diffère par sa tête plus pointue et son corps moins long ; elle vit d'insectes, de vers marins, de petits crabes, et se trouve dans toutes les mers de l'Europe. On la sert très communément sur nos tables.

La *sole* a la chair plus tendre et plus délicate que la limande ; elle se garde plusieurs jours sans se corrompre ; on l'a surnommée *perdrix de mer*.

La *plie*, poisson plat, a les deux yeux du même côté de la tête, et le corps couvert d'écailles molles ; elle est commune sur toutes les côtes de France ; elle pèse quelquefois jusqu'à sept ou huit kilogrammes. Sa couleur offre un mélange de blanc bleuâtre et rougeâtre.

LE ROUGET ET LE SURMULET

On pêche ces deux poissons dans l'Océan et dans la Méditerranée. Le rouget est remarquable par sa brillante couleur d'un rouge éclatant, mêlé d'argent et d'or. Il vit de crustacés; il ne dépasse guère deux ou trois décimètres. Les anciens payaient ce poisson des prix énormes, tant pour sa beauté que pour sa chair ferme et délicate.

On distingue le *surmulet* du rouget à ses raies dorées longitudinales partant de la tête et allant jusqu'à l'extrémité de la queue; il varie dans sa longueur depuis deux jusqu'à cinq décimètres.

LE TURBOT ET LE CARRELET

A la grandeur, le turbot réunit un goût exquis : on l'a nommé *faisan de mer*; il se trouve dans la mer du Nord et dans la Méditerranée, surtout à l'embouchure des fleuves. Sa forme générale se rapproche d'un losange. Le grand turbot atteint parfois jusqu'à cinq mètres de circonférence et pèse quinze kilogrammes; il se nourrit de poissons, de vers, de petits crustacés.

Juvénal, satirique latin, raconte que l'empereur

Domitien réunit le sénat pour savoir comment on devait accommoder un énorme turbot destiné à sa table.

Le *carrelet* est très commun dans l'Océan et la Méditerranée; on le reconnaît aux six ou sept tubercules formant une ligne sur le côté droit de la tête, et aux taches aurore sur couleur brune. Sa chair est fort délicate.

LA PERCHE COMMUNE

Dans la nombreuse famille des Percoïdes, la perche commune se reconnaît aux bandes transversales de son dos, à la couleur de ses nageoires inférieures, à ses mâchoires garnies de dents pointues; on la trouve dans presque toutes les eaux douces d'Europe; elle a jusqu'à quarante centimètres de long, et pèse alors environ deux

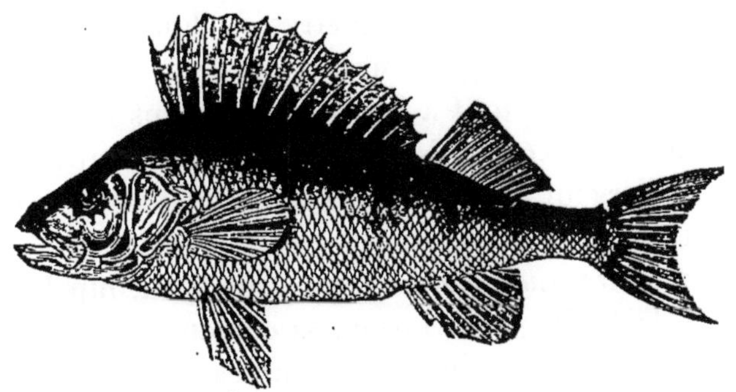

kilogrammes. Ses œufs égalent la grosseur des graines de pavot; on en a trouvé neuf cent quatre-vingt-douze mille dans une perche qui ne pesait qu'un demi-kilogramme. Elle vit de proie et mange les poissons, les grenouilles, les salamandres et les petites couleuvres. Sa peau fait de bonne colle.

LE SAUMON, LA TRUITE SAUMONÉE

Le saumon se plaît dans presque toutes les mers. Il préfère partout le voisinage des grands fleuves et des rivières, dont les eaux douces et rapides lui servent d'habitation pendant une très grande partie de l'année.

Son corps se rapprochant plus ou moins de la forme d'un fuseau, est arrondi vers le ventre, écailleux et tacheté, avec le dos noir, les flancs bleuâtres et le ventre

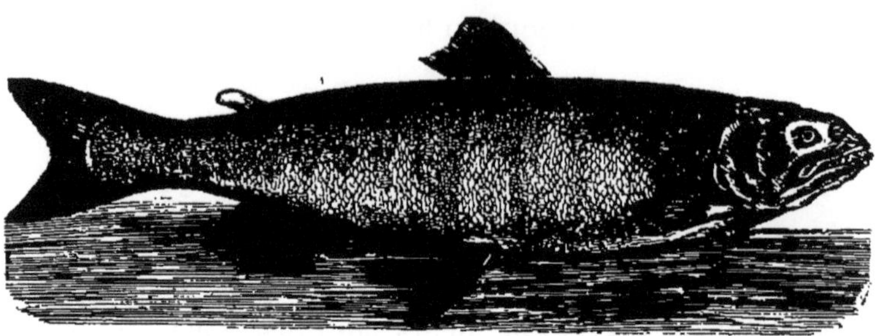

argenté. Sa chair, d'un goût exquis, est pourtant difficile à digérer. On le sèche, on le sale et on le fume.

Il a huit ou neuf décimètres de long et pèse jusqu'à dix ou douze kilogrammes.

La *truite* est tout à la fois un des plus beaux poissons et un mets exquis. Ses écailles sont brillantes de reflets d'or, d'argent, mêlés de vert, de violet, de pourpre et de bleu.

La *truite saumonée* se rapproche beaucoup du saumon et de la truite par sa forme, sa couleur et ses habitudes ; elle pèse jusqu'à cinq kilogrammes.

LE BROCHET ET L'EXOCET VOLANT

On a surnommé le brochet *requin des eaux douces* ; il règne en tyran dévastateur, comme le requin au milieu des mers. Insatiable dans ses appétits, il ravage avec une promptitude effrayante les rivières et les étangs ; il dévore ses propres petits. Goulu sans choix, il déchire et avale les restes même des cadavres putréfiés. Il atteint deux mètres de long et pèse jusqu'à quinze kilogrammes.

Cet animal est un de ceux auxquels la nature a accordé

le plus d'années : c'est pendant des siècles qu'il effraye, agite, poursuit, détruit et consomme les faibles habitants des eaux douces qu'il infeste.

L'*exocet volant* est remarquable par sa tête aplatie en

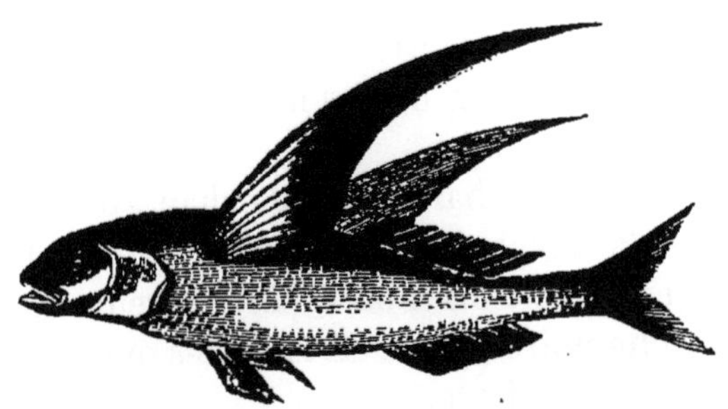

dessus, ses écailles dures, mal attachées au corps, ses nageoires pectorales propres au vol ; de là son nom d'*exocet volant.* Il atteint à vingt centimètres et se trouve surtout dans l'hémisphère boréal. Il offre un mélange de reflets azurés et argentés avec une teinte bleue.

LE HARENG, LA SARDINE, L'ALOSE ET L'ANCHOIS

Le hareng vivant est vert glauque sur le dos, blanc sur les côtés et sur le ventre, avec un brillant reflet métallique ; le vert se change en bleu après sa mort. On le pêche sur nos côtes depuis la mi-octobre jusqu'à la fin de décembre.

On prépare les harengs de différentes manières. On sale en pleine mer les harengs qu'on trouve les plus gras et qu'on croit les plus succulents. On les nomme *harengs nouveaux* ou *harengs verts*, lorsqu'ils sont le produit de la pêche du printemps ou de l'été, et *harengs pecs* ou *pekels*, lorsqu'ils ont été pris pendant l'automne ou l'hiver ; le hareng saur est salé et fumé.

La *sardine* a la tête pointue, assez grosse, souvent dorée, le front noirâtre, les yeux gros ; les écailles tendres, larges et faciles à détacher ; elle a quinze ou seize centimètres de longueur, les nageoires petites et grises, les côtés argentins et le dos bleuâtre.

On la trouve seulement dans l'océan Atlantique boréal, dans la Baltique, dans la Méditerranée, et particulièrement aux environs de la Sardaigne, dont elle tire son nom.

On la fait mariner dans l'huile. On la mange aussi fraîche, salée ou fumée.

L'*alose* diffère du hareng par l'échancrure qu'elle a au milieu de la mâchoire supérieure, par sa taille plus grande, qui atteint un mètre, par l'absence des dents et par une tache noire placée derrière les ouïes. La chair de l'alose est très délicate.

L'*anchois* se distingue du hareng par une taille plus petite et une bouche plus large, de forme conique. On le pêche surtout pendant le printemps et l'été.

LA CARPE ET LE BARBEAU

Les carpes se plaisent dans les étangs, dans les lacs, les rivières, qui coulent doucement.

Les carpes se nourrissent de frai de poisson et de débris de substances végétales ou animales. Elles vivent très longtemps et peuvent atteindre jusqu'à un mètre de longueur.

Assez semblable à la carpe par sa forme, le *barbeau* est caractérisé par ses barbillons ou filaments placés à la mâchoire supérieure. Il est long de trente-cinq à cinquante centimètres.

Ce poisson abonde principalement dans les parties méridionales de l'Europe.

La vie du barbeau est d'une longue durée, car il ne commence à frayer que dans sa quatrième ou cinquième année. Il dépose, au printemps, ses œufs sur des pierres dans l'endroit le plus rapide du courant. Sa chair est excellente et tient une place distinguée dans les matelotes.

LA TANCHE

La tanche est remarquable par la petitesse de ses écailles, que recouvre un enduit visqueux. Sa grosseur est inférieure à celle de la carpe; son poids ordinaire est de 500 grammes à un kilogramme.

LE CHABOT

Ce poisson fort commun se fait remarquer par une grosse tête à laquelle s'attache un corps de forme conique, de couleur brune tachetée de noir. Sa longueur varie

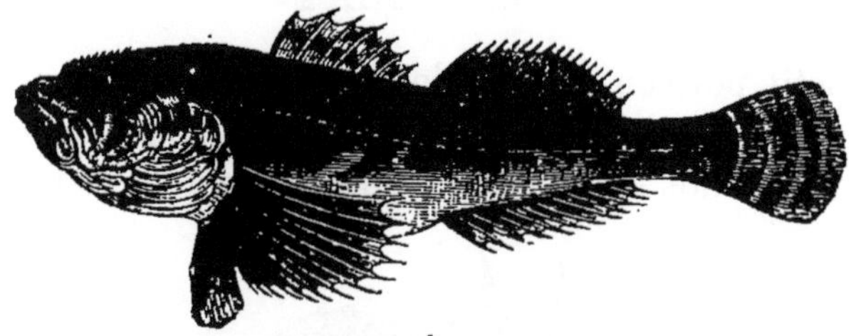

entre 8 et 10 centimètres. La chair du chabot est grasse, mais assez délicate.

On le trouve dans presque tous les ruisseaux et rivières de la France. Il aime les courants rapides et nage avec vélocité.

LA LOCHE

Les loches ont le corps allongé, la tête petite, la bouche

peu fendue et des lèvres propres à la succion. La *loche fran-*

che est remarquable par les six barbillons que porte sa lèvre supérieure. Son corps cylindrique est couvert de taches grises. Sa chair est fort estimée.

LE VÉRON

C'est avec l'épinoche le plus petit des poissons de France ; sa longueur n'excède pas huit centimètres. Son corps arrondi est couvert d'écailles petites et visqueuses. Sa queue porte une tache brune; sa tête est d'un vert foncé. Il meurt dès qu'on le sort de l'eau.

L'ÉPINOCHE

Ce petit poisson, connu des pêcheurs sous le nom de *savetier*, est remarquable par les trois aiguillons qu'il porte sur le dos et qui, se redressant dès qu'il se voit me-

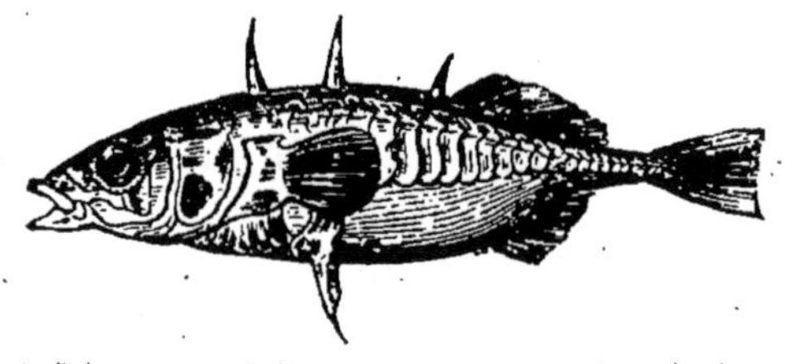

nacé de quelque danger, restent dans la même position après sa mort.

La taille de ce poisson, le plus petit de nos eaux douces, excède rarement sept centimètres. Son corps est vert au-dessus et d'un blanc teinté de rouge au-dessous. Il est en partie couvert de plaques osseuses qui lui servent de bouclier et lui permettent de défier même le brochet.

CÉTACÉS

Les Cétacés sont des animaux marins ayant la forme et les habitudes extérieures des poissons, et une organisation intérieure analogue à celle des mammifères; ils ne peuvent rester sous l'eau plus de douze à vingt-cinq minutes.

LA BALEINE ET LES BALEINOPTÈRES

La baleine a pour empire l'Océan ; Dieu, en la créant, paraît avoir voulu donner un des plus beaux exemples de sa puissance merveilleuse.

Les dents de la baleine sont remplacées par des fanons ou lames cornées, minces, effilées, fibreuses, au nombre

de huit à neuf cents et n'occupant que la mâchoire supérieure.

La baleine atteint une longueur de vingt à vingt-cinq mètres sur une circonférence de dix à treize mètres et pèse jusqu'à cent cinquante mille kilos. Chaque fois qu'elle ouvre sa bouche énorme, égale au tiers de son corps, elle avale une grande quantité d'eau qui se précipite à travers ses fanons et sort à travers ses évents (sortes de narines), après avoir laissé à l'ouverture du gosier des poissons et des mollusques de petite taille et des plantes marines. Ses yeux, relativement fort petits, sont de la grosseur de ceux du bœuf; elle n'a que deux membres antérieurs, courts et dilatés ; sous sa peau mollasse et d'un brun noirâtre, s'étend une couche épaisse de tissu lardacé, dont on tire jusqu'à soixante et quatre-vingts quintaux d'huile.

La pêche de la baleine occupe beaucoup de navires, elle est d'ailleurs fort profitable par l'énorme quantité d'huile qu'elle produit.

La baleine ne produit qu'un seul baleineau, qu'elle nourrit de son lait ; son affection pour lui est très grande.

On a calculé qu'une baleine franche peut peser cent cinquante mille kilogrammes. Sa masse est égale à celle de cent éléphants. Le choc d'une baleine contre un vaisseau est égal à celui de soixante boulets de 48.

LES NARVALS ET LES CACHALOTS

On appelle vulgairement le narval *licorne de mer ;* il ressemble au marsouin ; mais ce qui le distingue surtout, c'est une dent droite sillonnée en spirale, souvent longue de plus de trois mètres et placée à l'extrémité de sa mâchoire supérieure ; elle fournit un ivoire estimé. La longueur totale de l'animal varie de cinq à six mètres; sa peau brillante, lisse et sans écailles, offre un mélange de couleur fauve avec des taches noirâtres. Il vit de poissons et de mollusques; son huile passe pour être préférable à celle de la baleine.

Les Groënlandais aiment beaucoup la chair de ce cétacé qu'ils font sécher en l'exposant à la fumée.

On emploie la défense ou l'ivoire du narval aux mêmes usages que l'ivoire de l'éléphant, et même avec plus d'avantages, parce que, plus dur et plus compact, il reçoit un plus beau poli et ne jaunit pas aussi promptement. Les Groënlandais en font des flèches pour leur chasse et des pieux pour leur cabanes.

Le *cachalot* est égal par ses dimensions à la baleine, il en diffère par ses dents coniques ou cylindriques qui garnissent sa mâchoire inférieure ; on trouve dans sa tête une substance particulière, sorte d'huile qui se fige par le refroidissement, et connue dans le commerce sous le nom impropre de *blanc de baleine* ; on trouve dans ses intestins l'ambre gris. Les cachalots se rencontrent dans toutes les mers, surtout dans l'Océan équatorial, où ils voyagent par troupes de deux ou trois cents individus ; ils sont très voraces et mangent les baleineaux et les requins eux-mêmes.

Le cachalot femelle montre pour ses petits une affection plus grande encore que dans presque toutes les autres espèces de Cétacés.

Les cachalots résistent plus longtemps que beaucoup d'autres Cétacés aux blessures que leur font la lance et le harpon des pêcheurs. On ne leur arrache que difficilement la vie, et on assure qu'on a vu de ces cachalots respirer encore, quoique privés de parties considérables de leur corps que le fer avait décomposées au point de les faire tomber en putréfaction.

La peau, le lard, la chair, les intestins et les tendons du cachalot macrocéphale sont employés, dans plusieurs contrées septentrionales, aux mêmes usages que ceux des narvals vulgaires. Sa langue y est recherchée comme un très bon mets. Son huile, suivant plusieurs auteurs, donne une flamme claire sans exhaler de mauvaise odeur, et l'on peut faire une colle excellente avec les fibres de ses muscles.

LES DAUPHINS

Le dauphin n'a que deux mètres de longueur. Sa mâchoire est garnie de dents nombreuses, et il n'a qu'un seul évent. Sa chair, ainsi que celle de la baleine, est dure et indigeste. Il n'est point d'animal sur lequel on ait répandu plus de fables. On a prétendu, par exemple, que les dauphins étaient sensibles à la musique et qu'ils recueillaient les naufragés.

Lorsque les dauphins nagent en troupes nombreuses, ils présentent souvent une sorte d'ordre : ils forment des rangs réguliers ; ils s'avancent quelquefois sur une ligne, comme disposés en ordre de bataille ; et si quelqu'un d'eux l'emporte sur les autres par sa force et son audace, il précède ses compagnons, parce qu'il nage avec moins

de précaution et plus de vitesse ; il paraît comme leur chef et leur conducteur.

Les dauphins se nourrissent de subtances animales ; ils recherchent particulièrement les poissons ; ils poursuivent leur proie jusque auprès des filets des pêcheurs et, à cause de cette sorte de familiarité hardie, ils ont été considérés comme les auxiliaires de ces marins, dont ils ne voulaient cependant qu'enlever ou partager le butin.

On les trouve dans toutes les mers ; aucun climat ne leur est contraire.

Les dauphins n'ayant pas besoin d'eau pour respirer et ne pouvant même respirer que dans l'air, il n'est point surprenant qu'on puisse les conserver très longtemps hors de l'eau sans leur faire perdre la vie.

LES MARSOUINS

Le marsouin est plus petit que le dauphin. C'est, de tous les Cétacés, celui qu'on a le plus souvent occasion de voir, car il vit sur nos côtes et remonte même dans nos fleuves. On en a vu un dans la Seine; il traversa tout Paris et alla se faire prendre au delà du pont d'Austerlitz. Lorsque les marins voient les marsouins jouer en grand nombre à la surface de la mer, ils disent que c'est un signe de tempête.

On trouve les marsouins dans la Baltique, près des côtes du Groënland et du Labrador, dans le golfe de Saint-Laurent, dans presque tout l'océan Atlantique et dans le grand Océan.

Les Hollandais, les Danois et la plupart des marins de l'Europe ne recherchent les marsouins que pour leur huile; mais les Lapons et les Groënlandais se nourrissent de leur chair, qu'ils font bouillir ou rôtir après l'avoir laissée se corrompre en partie et perdre sa dureté;

ils en mangent aussi les entrailles, la graisse et même la peau. D'autres salent et font fumer la chair du marsouin.

Le dauphin ou marsouin *orque* a une grande puissance: il exerce un empire redoutable sur plusieurs habitants de l'Océan. Sa longueur est souvent de plus de huit mètres, et quelquefois de plus de dix; sa circonférence, dans l'endroit le plus gros de son corps, peut aller jusqu'à cinq mètres.

L'orque se nourrit de poissons et dévore les phoques; il est même si hardi, si vorace et si féroce, qu'il se jette quelquefois sur la baleine, la déchire à coups de dents, et l'oblige à se dérober par la fuite à ses attaques meurtrières.

Nous citerons encore le marsouin *à tête ronde*, le plus grand de tous les marsouins : il atteint quelquefois à huit mètres de longueur.

QUATRIÈME PARTIE

MOLLUSQUES, CRUSTACÉS, INSECTES

MOLLUSQUES

On nomme Mollusques des animaux au corps constamment mou, sans squelette intérieur ou extérieur, enveloppés d'une peau, et le plus souvent d'une coquille à une ou plusieurs pièces ; ils sont terrestres ou aquatiques ; ceux-ci habitent l'eau douce ou l'eau salée. On divise cette classe d'animaux en six ordres :

1° LES CÉPHALOPODES

Les *céphalopodes* ont les pieds attachés soit sur la tête, soit autour de la bouche en sorte qu'ils se traînent le corps en haut la tête en bas. Tous les céphalopodes sont

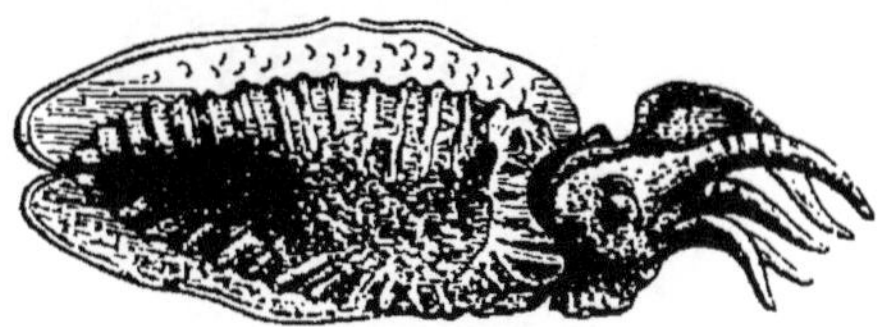

Seiche.

marins et vivent de poissons et de petits crustacés ; parmi les principaux, on connaît les *poulpes*, les *calmars*, les *seiches*, les *argonautes*, les *nautiles*, les *ammonites*, les *bélemnites* (ces deux derniers fossiles), la *spirule*, etc.

Les poulpes, avec leurs huit grands tentacules à peu près égaux, sont doués d'une force prodigieuse ; les animaux qu'ils enlacent ne leur échappent pas ; ils peuvent

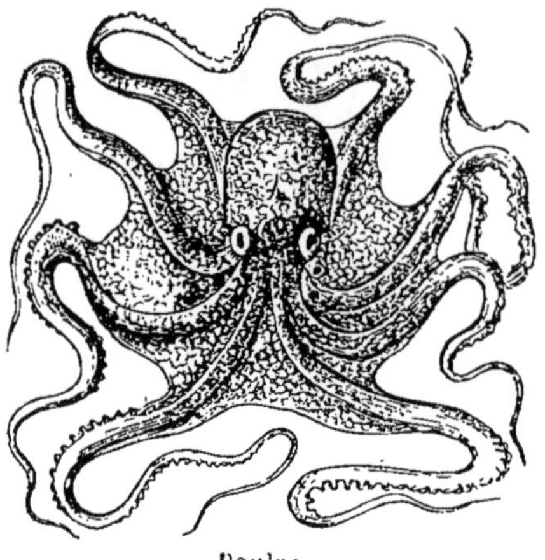

Poulpe.

faire périr un nageur, en appliquant sur sa peau cent cinquante à deux cents ventouses. Le poulpe a seize à vingt centimètres de diamètre, et ses bras sont une fois

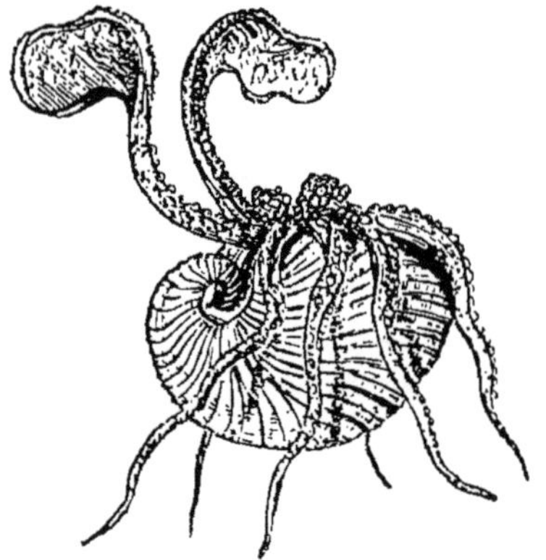

Argonaute.

aussi longs que son corps. Son ensemble figure assez bien un entonnoir renversé, dans le fond duquel se trouve la bouche, semblable par la forme à un bec de perroquet.

La *sèche* ou *seiche* a cinq paires de bras, avec lesquels elle saisit sa proie; sa peau menue et muqueuse forme sur le dos un sac sans ouverture intérieure, renfermant une coquille nommée *os de sèche* ou *biscuit de mer*. Quand on l'attaque, la seiche colore l'eau autour d'elle en répandant une liqueur noire, contenue dans une vessie placée près du cœur (de cette liqueur on fait le sépia).

L'*argonaute*, qui habite une coquille mince, blanche, à demi transparente, ayant la forme d'une nacelle, se sert, dit-on, de six de ses bras comme de rames, et des deux autres, élargis aux extrémités, comme de voiles; ainsi, il peut naviguer.

2° LES PTÉROPODES

Les *ptéropodes* ont pour organes du mouvement, des nageoires placées comme des ailes de chaque côté de la bouche. Ils sont petits, privés d'ordinaire de coquilles

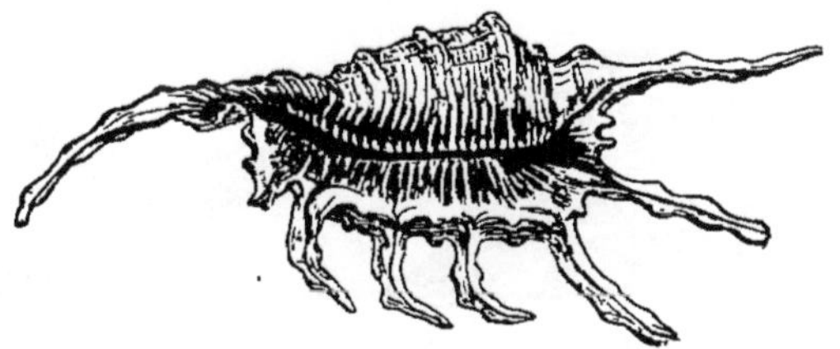

Ptérocère ou araignée de mer.

ou n'en ayant que de très frêles. Ils flottent dans la mer, sans jamais se fixer ; les baleines les avalent par millions. Parmi les prinpaux ptéropodes, nous citerons ; les *ptérocères* et les *cymbalies*.

3° LES GASTÉROPODES

Les *gastéropodes* se meuvent en rampant sur un prolongement du disque de leur ventre appelé leur pied ; parmi les principaux, il y a : les *pectinibranches*, les *hétéropodes*, etc.

Comme individus, nous citerons ; l'*oreille de mer* ou *ormier*, le *lépas* ou *patelle*, les *cornets* ou *volutes*, le *murex* ou *rocher*, les *buccins*, les *pourpres*, les *porcelaines*,

Colombelle.

Patelle.

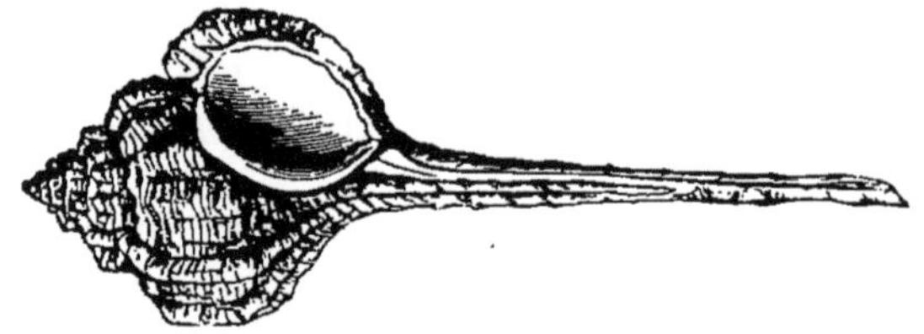

Rocher, tête de bécasse.

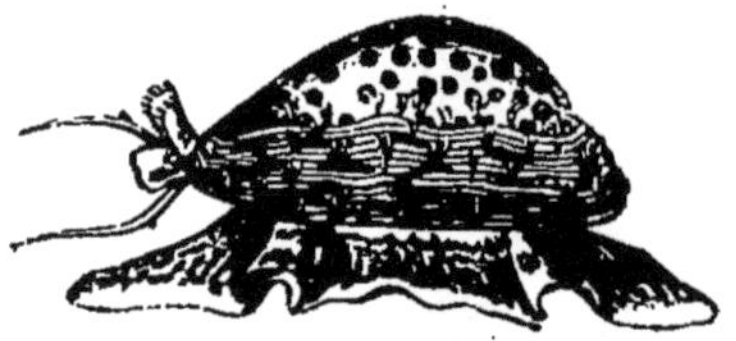

Porcelaine tigre.

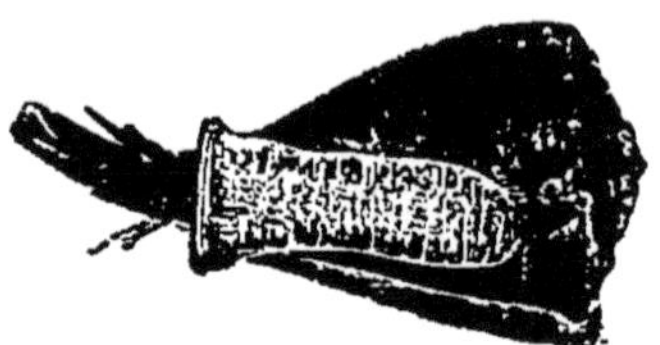

Cône hébraïque.

Cérithe.

les *cônes*, les *casques*, le *dauphinule*, le *limaçon* ou *escargot*, le *fuseau*, la *harpe*, les *nérites*, les *néritines*, les *natices*, les *olives*, les *oscabrions*, les *pyrules* ou *trom-*

pettes, les *scalaires*, les *tonnes*, les *troques*, les *vis*, le

Escargot pondant ses œufs.

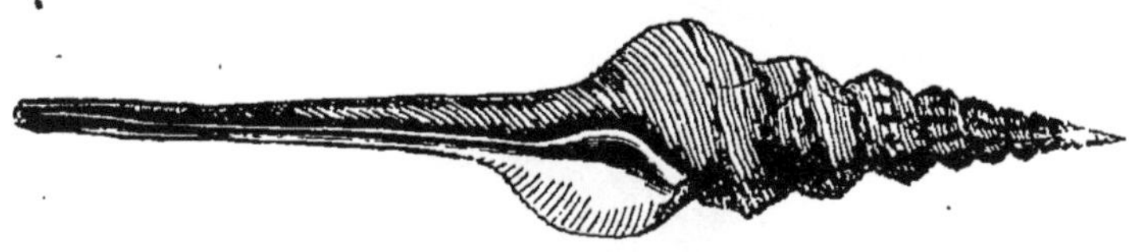

Fuseau.

turbo, la *cérithe*, la *colombelle*, les *licornes* et la *siliquaire*.

4° LES ACÉPHALES

Les *acéphales* sont des animaux sans tête apparente, mais avec une bouche cachée dans les plis de la peau.

Parmi les principaux individus de cet ordre nous citerons : l'*huître ordinaire*, l'*huître perlière* ou *mère-perle*; les *moules de mer* et *d'eau douce*, les *peignes*, les *pétoncles*, qu'on connaît sous le nom de *coquilles Saint-Jacques* ou *coquilles de pèlerin*, les *bucardes* ou *cœurs de bœuf*, les *vénus*, et les *cythérées*; les *pholades*, les *solens* ou *manches de couteau*, les *gryphées*, les *saxicaves* ou *perce-pierre*, les *spondyles*, le *bénitier* ou *tridacne*, les *arches*, les *clavagelles*.

L'huître vit et meurt là où elle est née ; c'est à la mer de lui apporter sa nourriture, qui se compose de frai de poisson et de débris de toutes sortes, suspendus dans ses eaux. Il lui faut huit ans pour parvenir à la taille de celles qu'on vend sur nos marchés. Les plus estimées

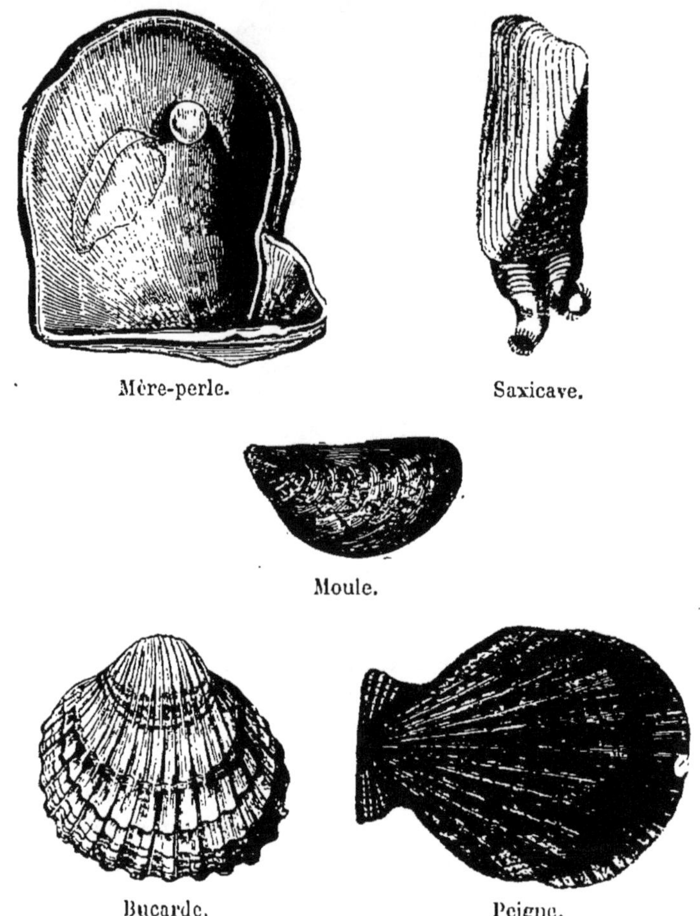

Mère-perle. Saxicave.

Moule.

Bucarde. Peigne.

sont celles de la Manche. L'huître de la Méditerranée est appelée *pied de cheval.*

On pêche ce mollusque du mois de septembre au mois d'avril; c'est dans les mois qui ont des *r* dans leur nom que les huîtres sont les meilleures. On les élève aussi dans des réservoirs particuliers ou parcs.

La plupart des marchés d'Europe sont approvisionnés d'huîtres venant des côtes de la Manche, entre Saint-Malo et le Mont-Saint-Michel, où on les pêche pendant toute

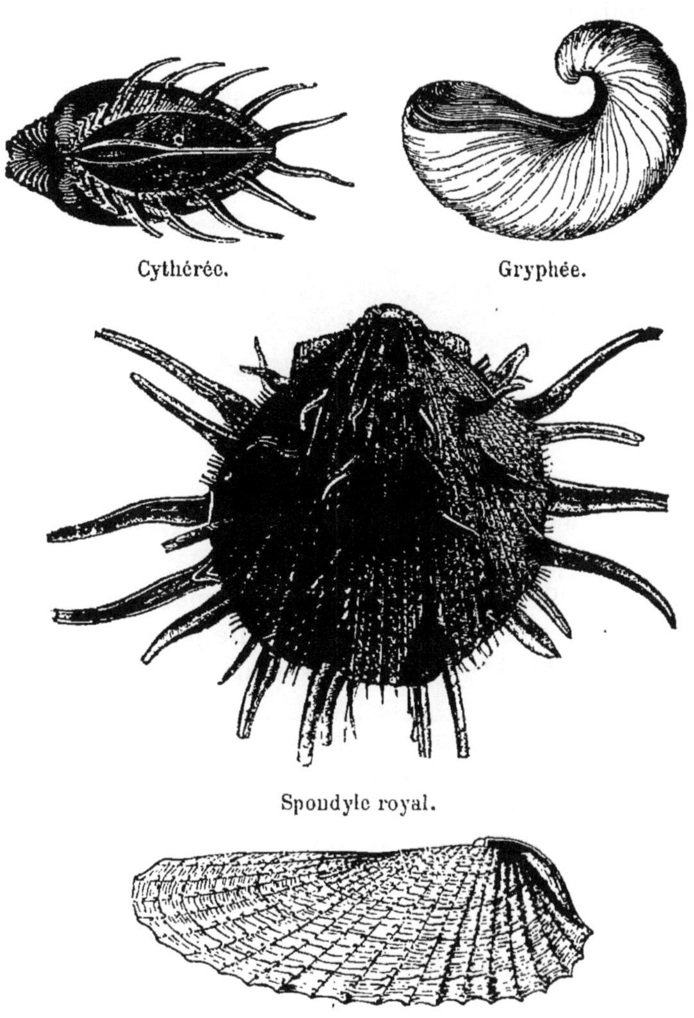

Cythérée. Gryphée.

Spondyle royal.

Pholade.

l'année, excepté en été, avec la drague, sorte de râteau de fer placé à l'ouverture d'un large filet ou d'une poche en cuir. On les met ensuite en réserve dans un parc, à l'abri du vent, sur un fond de galets; on doit éviter d'y laisser entrer une grande quantité de pluie qui est mortelle pour les huîtres.

Les huîtres les plus estimées des amateurs sont les *vertes*, ainsi appelées à cause de la couleur verdâtre qu'on leur fait prendre dans les parcs par des procédés particuliers.

L'huître à perle se pêche surtout autour de l'île de

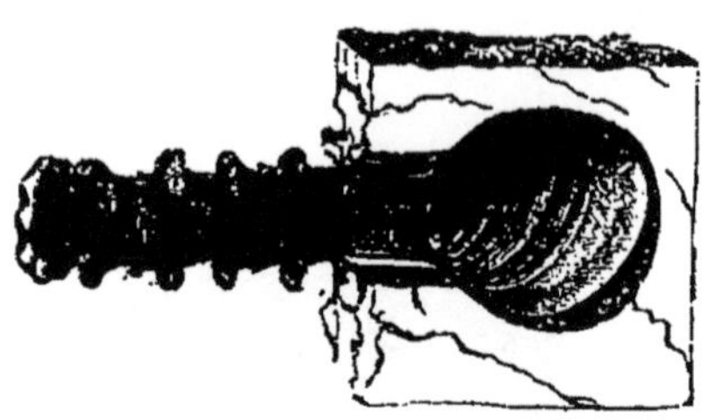

Clavagelle.

Bahrein, au Japon, et sur les côtes de l'Arabie Heureuse.

Tout le monde connaît les *moules*. Ces mollusques se servent d'une sorte de pied ou pédoncule pour ramper. On en trouve dans les eaux douces comme dans les eaux salées.

Il faut s'abstenir d'en manger pendant les mois de mai à septembre : on croit que ce qui les rend dangereuses à cette époque, c'est le frai des étoiles de mer dont elles se nourrissent. On doit toujours les assaisonner avec du vinaigre et du poivre.

5° LES BRACHIOPODES

Les *brachiopodes* sont des mollusques à coquilles bivalves, munis de deux bras charnus, garnis de nombreux filaments qu'ils peuvent étendre et retirer à volonté ; la bouche est entre les bases des attaches des bras.

Ils se fixent au rocher au moyen d'une sorte de pédoncule fibreux (petit pied) ou par une de leurs valves ; on les trouve rarement à l'état vivant, à cause des grandes

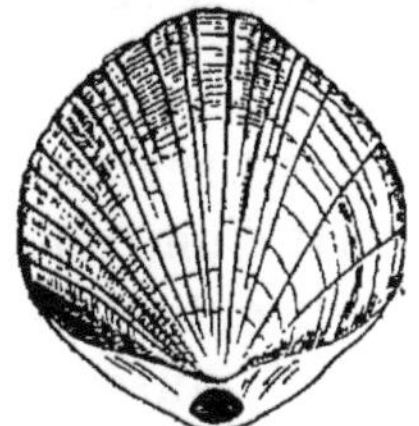

Térébratule.

profondeurs où ils se tiennent ; mais il y en a beaucoup d'espèces à l'état fossile.

Parmi les genres principaux nous citerons : les *térébratules* et les *lingules*.

6° LES CIRRHOPODES

Les *cirrhopodes* sont caractérisés par des appendices fort longs, cornés, ayant la forme de vrilles et appelés *cirrhes*. Parmi les principaux cirrhopodes, nous citerons : les *balanes* ou *glands de mer* et les *anatifes à cinq valves*.

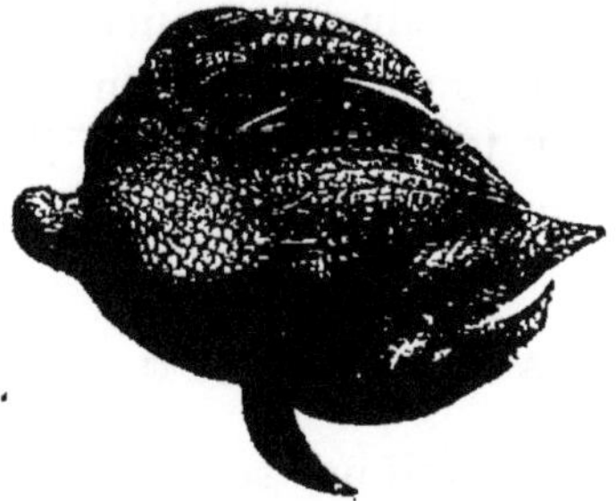

Gland ou balane.

Les balanes ou glands de mer s'attachent souvent au corps des baleines et des cachalots, et les avertissent, dit-on, au moment où le pêcheur s'apprête à les harponner.

CRUSTACÉS

Comme les poissons, les Crustacés respirent par des branchies ; ils sont couverts d'une *croûte* calcaire qui leur a fait donner leur nom : ils ont les yeux multiples ; leur bouche présente quelquefois jusqu'à six paires de mâchoires ; on les trouve dans toutes les mers, dans les eaux douces, dans les creux d'arbres où de rochers. Leur chair peu nutritive ne se digère pas facilement. Parmi les principaux crustacés nous citerons :

LE HOMARD

Le homard se distingue par sa carapace unie, par un rostre (l'extrémité de la bouche) petit, armé de chaque côté des trois ou quatre épines ; par ses branchies qui ressemblent à des bras, au nombre de vingt environ de de chaque côté ; par ses pattes très grosses, de forme ovale, comprimées, inégales, terminées par de fortes pinces ; par ses antennes rougeâtres, son corps d'un brun verdâtre ; il devient tout rouge quand il est cuit ; il atteint environ cinquante centimètres de longueur.

LA LANGOUSTE

La langouste, qu'on confond souvent avec le homard, a les antennes fort longues et hérissées de poils ou de piquants et point de pinces ; cinq lames natatoires disposées en éventail terminent son abdomen ; elle atteint à la même taille que le précédent et peut peser jusqu'à cinq à six kilogrammes (dix ou douze livres), sa cuirasse demi-cylindrique offre un mélange de brun verdâtre, de rouge foncé et de bleu jaunâtre. On la rencontre communément sur les côtes de France et d'Algérie; comme le homard, elle ne vit pas dans l'eau douce.

L'ÉCREVISSE

Ce crustacé a les six pattes de devant terminées chacune par une pince à deux doigts; les deux premières, très grosses est très fortes, ont la propriété, comme les antennes, de repousser si on les lui arrache; on remarque six anneaux très convexes à sa queue. Elle passe du brun verdâtre au rouge par la cuisson; cependant, on a vu des écrevisses vivantes naturellement rouges. Elle habite les eaux douces; chaque année elle change de test, on trouve alors sur elle, du côté de l'estomac, des concrétions pierreuses employées autrefois comme remède. Elle se nourrit de poissons, de larves d'insectes, de chair en putréfaction; sa chair est bonne à manger, et on sert les écrevisses *en buissons* sur nos tables.

LA CREVETTE

Les crevettes ressemblent assez à de petites écrevisses; on les distingue à leur corps allongé, à leur tête petite et arrondie, à leurs quatorze pieds dont les quatre de

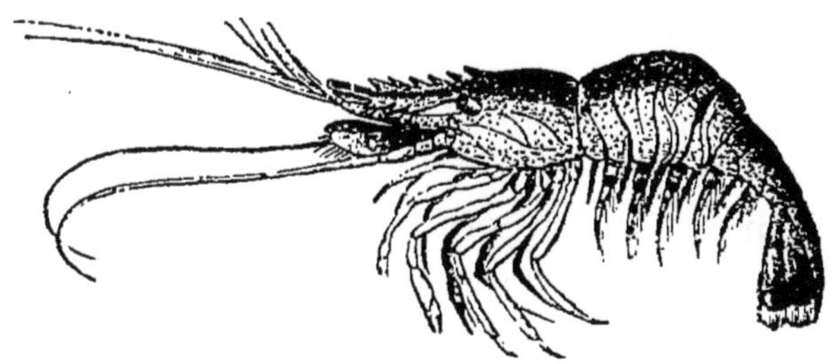

devant sont armés d'une main large, comprimée et à crochet. On les trouve dans l'eau salée et même dans l'eau douce, où elle mange des insectes, des végétaux, des débris d'animaux. etc. On estime surtout celles d'Angleterre et des côtes de Normandie.

LES CRABES

Les crabes ont le corps couvert d'une cuirasse calcaire plus large que longue, et leurs pattes de devant sont fortes et terminées par des pinces quelquefois très grosses. On connaît surtout : le *crabe ordinaire*, le *tourteau* ou *poupart*, le *gélasime*, les *cancres*, etc.

INSECTES PROPREMENT DITS

On a donné le nom d'Insectes à de petits animaux dépourvus de squelette intérieur et dont le corps, dur extérieurement, est divisé en trois parties, la *tête*, le *corselet* et *l'abdomen*. Leur bouche est formée de deux lèvres entre lesquelles se meuvent horizontalement quatre mâchoires dont les plus petites s'appellent *mandibules*. Ils ont des yeux simples ou composés et à facettes; ils portent d'ordinaire six pattes à leur corselet ; et sur leur abdomen se trouvent, en côté, des *stigmates* ou ouvertures des trachées par lesquelles ils respirent.

Ils subissent durant leur vie diverses métamorphoses curieuses au nombre de trois, pour la plupart d'entre eux.

1° Ils sont *larves* ou *chenilles ;* 2° *nymphes* ou *chrysalides* ; 3° *insectes parfaits.*

On les a divisés en huit ordres, d'après des caractères distinctifs tirés de leurs ailes.

1er ORDRE : COLÉOPTÈRES

C'est ainsi qu'on appelle des insectes caractérisés par quatre ailes dont les supérieures, dites *élytres*, dures et coriaces, cachent les inférieures qui sont membraneuses. Leurs antennes, de forme variable, ont ordinairement onze articles (onze divisions ou anneaux). Leur tête est jointe immédiatement au corselet, formé lui-même de deux parties, l'une anterieure ou *prothorax*, l'autre postérieure et triangulaire, l'*écusson*.

Parlons des principaux insectes de cet ordre :

LUCANES OU CERFS-VOLANTS

Les lucanes sont surtout remarquables par leurs deux cornes longues et mobiles, leurs quatre antennes et leur trompe avec laquelle ils pompent le suc des chênes. Les Hottentots adorent ces insectes et leur immolent des bœufs ; l'homme qu'ils touchent seulement du bout de

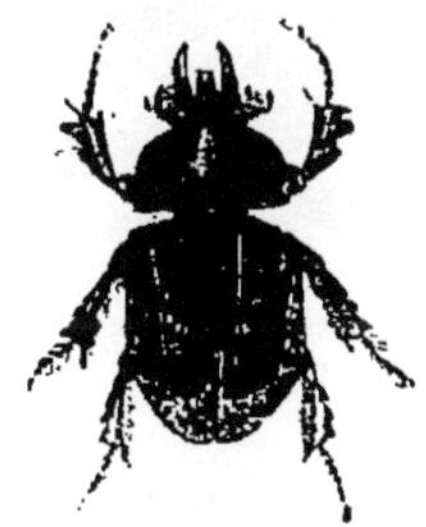

Lamellicorne.

leurs ailes est regardé par eux comme sacré et presque divin. Les larves de cerfs-volants se trouvent dans les bois pourris. Elles ressemblent à un ver mou, assez gros, dont le corps courbé en arc est composé de treize anneaux distincts ; leur bouche est armée de deux mâchoires cornées très dures et très fortes, par le moyen desquelles ces larves rongent et réduisent le bois en une espèce de tan ; devenues plus grosses, elles construisent dans la substance même du bois une cellule ou coque ; après quoi elles se changent en nymphes et ne sortent de leur habitation que sous la forme d'insectes parfaits. Elles ne vivent pas longtemps dans ce dernier état. Nous rangeons le *lamellicorne* à côté des lucanes.

SCARABÉES

On reconnaît les scarabées à leur corps ovoïde ou convexe, à leur tête à chaperon muni d'une corne ; à leurs antennes courtes à six divisions ; à leurs grandes élytres ; à leurs jambes fortes ; à leur couleur noire ou brune ; les femelles n'ont point de cornes. Les principaux

Scarabée géant.

sont : le *scarabée nasicorne,* le *scarabée hercule*, *l'actéon.*

En Égypte, le scarabée était l'emblème de la force et du courage guerrier.

Le *scarabée typhée,* entièrement noir et luisant, a la tête étroite, avancée ; le corselet à trois cornes. Il se trouve dans toute l'Europe et surtout en France, aux environs de Paris. Il se cache dans les bouses de vache et dans les fientes d'autres animaux.

GÉOTRUPES

Ces insectes ont beaucoup d'analogie avec les scarabées. Les principales espèces sont : le *printanier*, d'un purpurin foncé ; le géotrupe des fumiers, bleuâtre en dessous et verdâtre en dessus. La larve de ces insectes subit ses métamorphoses dans la terre où elle s'enfonce.

ANTHRÊNES

Ces insectes aux belles couleurs se trouvent dans le calice des fleurs dont ils sucent le miel ; ils rongent aussi les cuirs et les peaux des animaux empaillés.

Leurs cornes sont surtout remarquables par des aigrettes de longs poils qu'elles redressent avec colère, comme les porcs-épics leurs piquants, quand on les inquiète.

BOUSIER

Linné a rangé les bousiers parmi les scarabées; ils vivent dans le fumier et les excréments d'animaux, dont ils se nourrissent; dans nos contrées, ils ne dépassent guère huit à dix centimètres de long et sont noirs ou

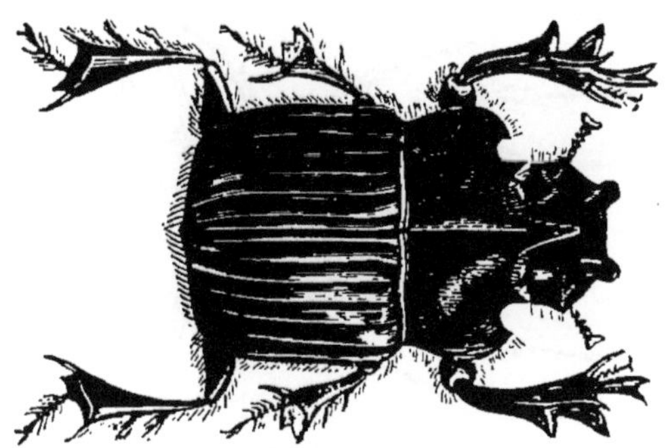

Bousier d'Égypte.

bruns, avec un beau reflet métallique vert; leur tête présente des cornes ou de petites éminences assez analogues aux cornes.

Parmi les principaux sont le *bousier commun* et le *bousier d'Égypte.*

HANNETONS

On reconnaît le hanneton à sa tête courte, à ses yeux arrondis, à ses antennes divisées en articles, dont les sept derniers chez les mâles et les six derniers chez les femelles forment autant de feuillets. On voit paraître les

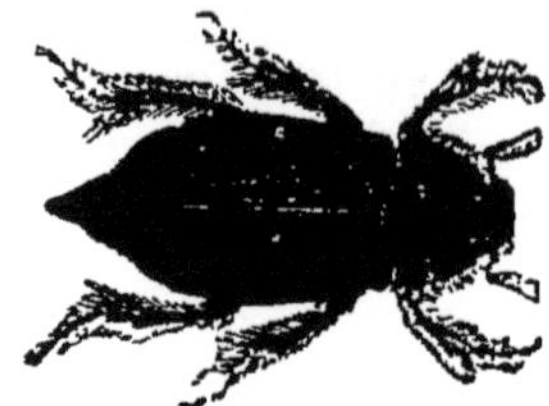

Hanneton.

hannetons vers la fin du mois d'avril. La femelle pond en terre vingt à trente œufs, jaunâtres, d'où naissent des larves appelés en France *vers blancs*, qui mettent plusieurs années à arriver à l'état d'insectes parfaits. Les principales

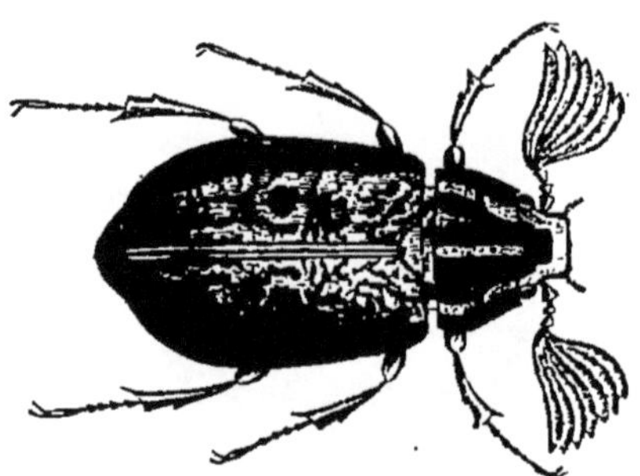

Hanneton foulon.

espèces de hannetons sont : le *hanneton ordinaire* et le *hanneton foulon*.

De tous les insectes malfaisants, il en est bien peu qui le soient autant que les hannetons. Depuis leur naissance jusqu'à leur mort, ces insectes se nourrissent de substances végétales et nous font un tort considérable. Dans l'état de larves, ils rongent pendant deux, trois ou quatre années consécutives, les racines tendres des plantes annuelles, celles des plantes vivaces et des arbrisseaux, et même celles des arbres les plus durs. En Europe, et dans tous les climats froids et tempérés, ces larves cessent leurs dégats pendant l'hiver, s'enfoncent plus profondément dans la terre, se forment une loge dans laquelle elles passent la mauvaise saison sans prendre de nourriture et dans une sorte d'engourdissement.

Devenus insectes parfaits, les hannetons abandonnent la terre et ne se nourrissent plus de racines, mais ils attaquent alors les feuilles des arbres et les plantes. Il y a des années où les espèces qui se trouvent aux environs de Paris sont si multipliées, qu'elles dépouillent dans peu de temps tous les arbres d'un champ et d'une forêt.

La durée de la vie des hannetons est très courte dans leur dernier état. Chaque individu vit à peine une semaine, et l'espèce ne se montre guère que durant un mois.

Les larves qui naissent des œufs du hanneton sont molles, d'un blanc sale, un peu jaunâtres. Leur corps est composé de treize anneaux assez apparents. Elles naissent au commencement du printemps.

HISTER OU ESCARBOT

L'hister est reconnaissable à ses antennes terminées par trois articles globuleux, à ses pattes aplaties, triangulaires, à son corps carré, peu ou point renflé, à ses élytres plates, carrées et dures.

Il vit dans les fumiers, les charognes et les vieux arbres.

NÉCROPHORES

Les nécrophores, ou *fossoyeurs*, ont les antennes aussi

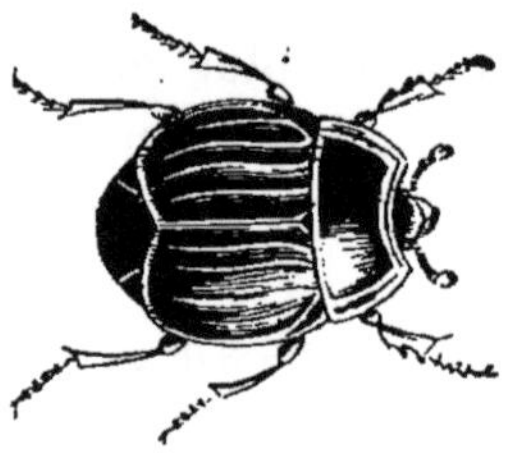
Hister ou Escarbot.

Nécrophore.

longues que la tête et terminées par quatre articles, le corps noir, les pieds roussâtres.

Ils vivent sur les cadavres en putréfaction.

CLAIRON

Le clairon, au corps cylindrique, à la tête et au corselet plus étroit que l'abdomen, aux antennes longues plus grosses aux extrémités, vit sur les troncs d'arbres ou sur

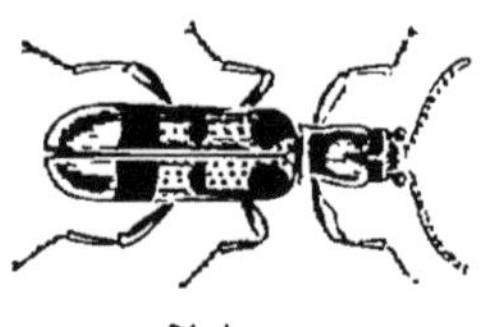
Clairon.

les fleurs ; il dépose quelquefois ses larves dans les ruches des abeilles.

Il est commun aux environs de Paris.

DYTIQUE

Le dytique a pour caractères : des antennes filiformes de onze articles diminuant graduellement jusqu'à leur extrémité; une bouche munie de six palpes; un corps bombé; il vit dans l'eau; il est féroce et se nourrit

Dytique.

Hydatique.

d'autres insectes. Il dépasse en grosseur le hanneton commun. On range, à côté du dytique, l'*hydatique* et le *dytique colymbète.*

CARABES

Ces insectes ont pour caractères distinctifs : le labre supérieur (lèvre supérieure) partagé en deux; la dent de l'échancrure du labre inférieur entière, et point d'ailes

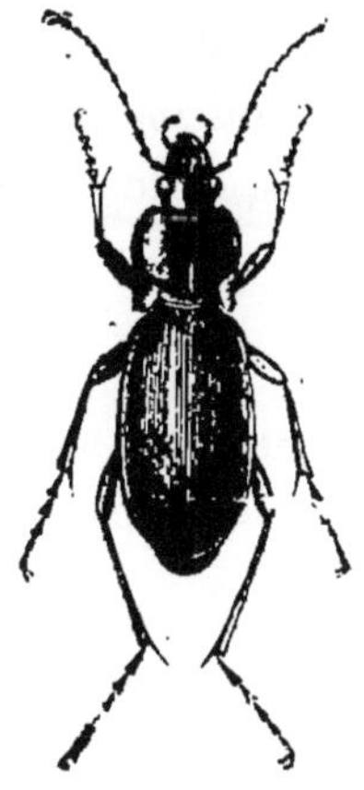

Carabe sycophante.

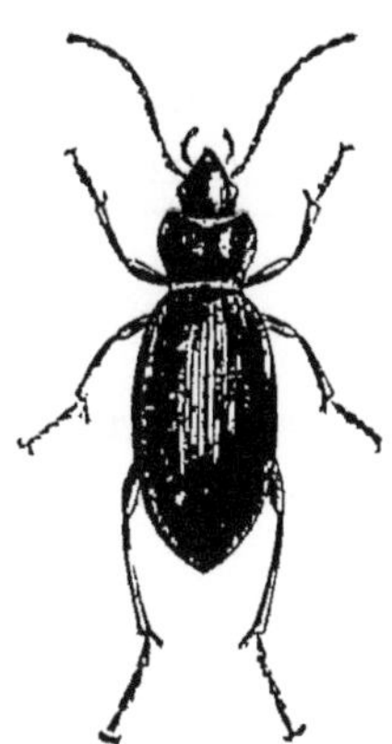

Carabe bombardier.

propres au vol; ils sont plus utiles que nuisibles, parce que pour la plupart, ils vivent de chenilles et d'insectes. Quelques-uns offrent de fort belles couleurs. On les trouve d'ordinaire sous les pierres, et leurs larves sont déposées dans la terre et dans le bois pourri ; ils répandent une odeur pénétrante; analogue à celle du tabac. On connaît surtout : le *carabe sycophante*, grand mangeur de chenilles ; le *carabe bombardier*, ainsi nommé, parce que, dès qu'on

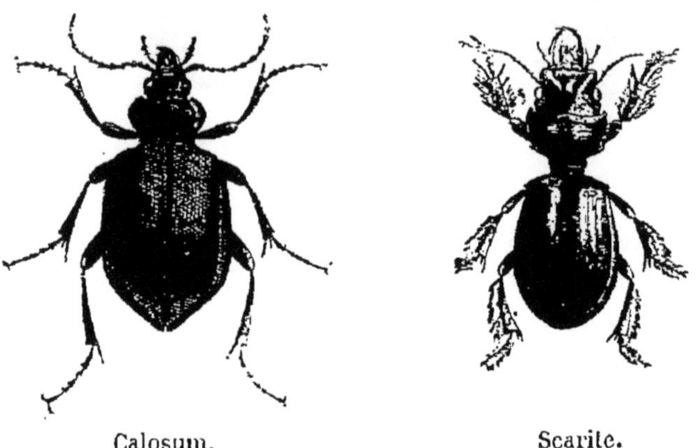

Calosum. Scarite.

le touche, il jette par l'anus une fumée d'un bleu clair qui s'échappe avec un bruit semblable à la détonation d'une petite arme à feu ; enfin le *carabe ferrugineux*, qui passait pour anti-odontalgique (bon contre le mal de dents). Nous joindrons aux carabes le *calosum* d'un noir violet, long de douze à quinze millimètres, et le *scarite*.

CICINDÈLES

Ces insectes sont remarquables par leur tête saillante, leurs mâchoires ou mandibules très développées et forte-

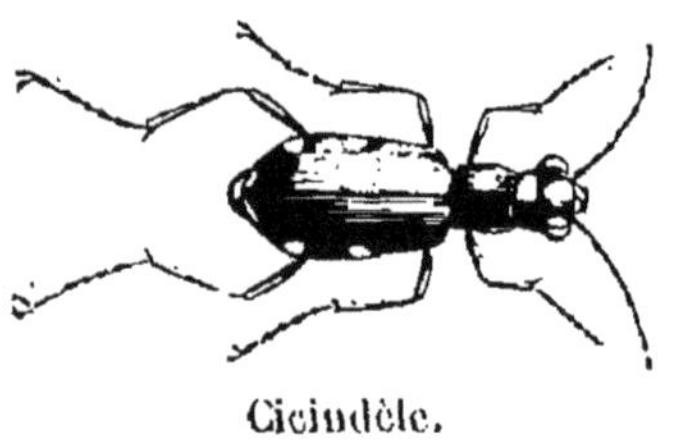

Cicindèle.

ment dentées, leurs yeux très gros. On les trouve dans les endroits sablonneux, où ils vivent de chasse. Il faut ranger, à côté des cicindèles, les *manticores* et les *colliures*. La cicindèle commune a les antennes noires, la tête et le corselet verts, avec quelques taches cuivreuses, les élytres lisses, unies et vertes, marquées de six points blancs.

STAPHYLIN

Le staphylin a pour caractères : des antennes droites, grenues (à grains) ; des palpes (pièces de la bouche) filiformes ; des élytres courtes ; les pieds de derrière cylin-

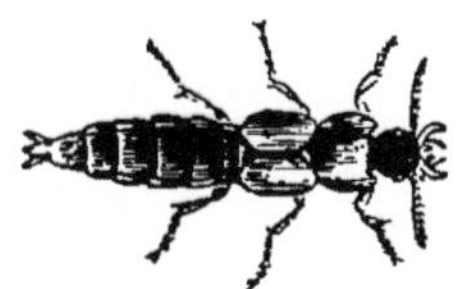

Staphylin.

driques. Les uns sont lisses et brillants ; les autres couverts de poils et velus comme les bourdons ; ils se trouvent, pour la plupart, sur les charognes, les excréments et le fumier.

BUPRESTES

Le nom de ces insectes vient de deux mots grecs qui

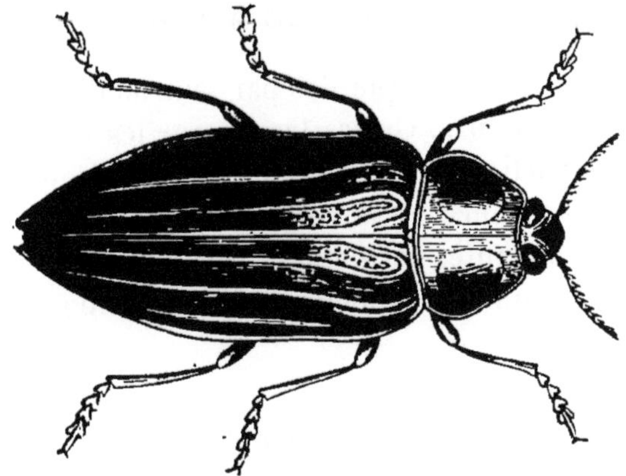

Bupreste géant.

signifient *enfle-bœuf*, parce qu'on croyait qu'ils faisaient enfler et crever les bœufs, lorsque ceux-ci les avalent avec l'herbe sans les voir. On connaît plus de cent cinquante

Bupreste allongé.

Petit bupreste.

espèces de buprestes, étrangères pour la plupart et toutes remarquables par leurs belles couleurs métalliques. Nous

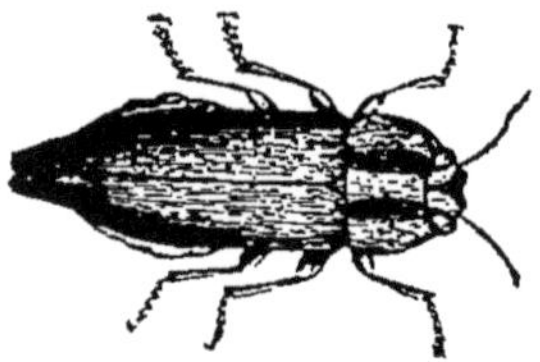

Bupreste-rubis.

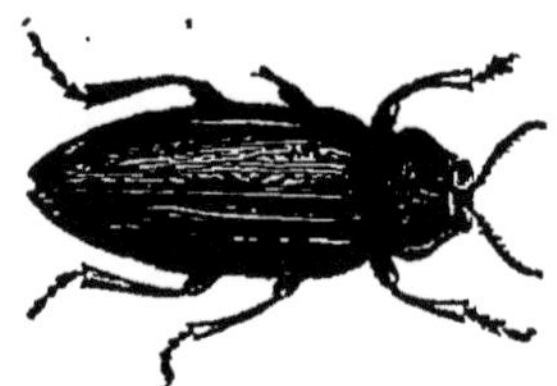

Bupreste commun.

citerons le *bupreste géant*; le *bupreste-rubis*, à tête d'un vert doré, au corps rouge et noir (commun en France); le *bupreste allongé* et le *bupreste commun*.

TAUPINS OU ÉLATERS

Ils sont surtout remarquables par leur facilité à sauter à de grandes hauteurs. On les trouve sur les fleurs et les plantes. Une partie cornée et pointue, placée sous le corselet, et qui s'enfonce et se relève subitement dans une cavité correspondante, permet à l'insecte placé sur le dos de sauter perpendiculairement et de retomber sur ses pattes.

LAMPYRES OU VERS LUISANTS

Les lampyres sont remarquables par leur corps mou et allongé, leur corselet à demi circulaire, et surtout par leur propriété de jeter une lueur phosphorescente. La femelle n'a point d'ailes.

CANTHARIDES

Les cantharides sont remarquables par leur corps élégant, d'un beau vert à reflet doré. La principale espèce est la cantharide vésicante, ainsi appelée parce qu'elle sert à faire les vésicatoires. On la trouve communément sur le frêne, le lilas et le troène.

MÉLOÈS

Parmi les méloés nous citerons le méloé proscarabée, à corps mollasse, d'un noir violet, à tête grosse et pointillée, n'ayant point d'ailes. Il marche lourdement; lorsqu'on l'écrase, il rend par toutes les articulations de son corps une liqueur grasse et onctueuse, d'une odeur assez agréable et qui, dit-on, est bonne pour guérir les plaies.

La femelle méloé dépose ses œufs dans la terre, où ils éclosent au bout d'un mois; les larves, d'un jaune d'ocre, ont six pattes et deux antennes terminées par un poil; elles tuent et mangent de tout petits insectes.

CRIOCÈRE

Elle a pour caractères : les tarses (parties postérieures du pied) munis de crochets, le corps allongé et brillant

des couleurs les plus belles et les plus variées; mais les larves sont courtes, molles, laides, et traînent après elles une sorte de fourreau ou de poche sale et déchirée.

CHARANÇONS

Ils ont pour principal caractère une tête terminée par une trompe qui porte des antennes ; leur nombre et leur petitesse rendent impuissants les moyens de les détruire ;

Charançon à trompe velue.

ils mangent nos blés et nos fruits; leurs dégâts sont effrayants. Le froid les engourdit sans les faire périr, et ils peuvent supporter une chaleur de 70° Réaumur. Ils

Charançon.

Curculis.

établissent leurs larves dans l'épaisseur des feuilles. Nous citerons seulement : le *charançon commun*, de couleur brunâtre ; le *charancon à trompe* velue, et le *curculis.*

COCCINELLES

Ces insectes, encore appelés *bêtes à bon Dieu*, offrent un corps de forme ronde, petit, convexe en dessus, plat en dessous ; tantôt ils sont rouges, tantôt jaunes, ou noirs avec des points disséminés. Ils tuent les pucerons et les mangent ; on doit se garder de les détruire.

CÉTOINES

Cette tribu nombreuse, qui comprend un grand nombre d'espèces analogues aux scarabées, est remarquable par ses belles couleurs métalliques et variées, et des formes généralement lourdes et massives. Elles volent en gardant leurs élytres fermées. On les trouve surtout sur les roses

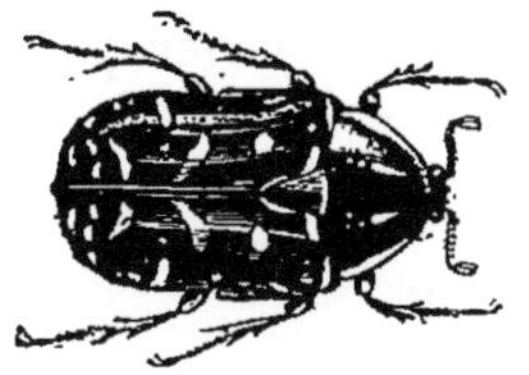

Cétoine dorée.

Cétoine jaune.

et d'autres fleurs dont elles sucent avidement le suc à la manière des abeilles. La *cétoine dorée*, commune dans nos jardins, est d'un beau vert doré; nous citerons encore la *cétoine jaune*.

CHRYSOMÈLES

Les chrysomèles ont pour caractères distinctifs : une tête engagée dans le prothorax, des palpes à quatre articles, dont le dernier est plus court et glandiforme (en forme de gland); des antennes à onze articles; des élytres glo-

Chrysomèle variée.

Chrysomèle tortue.

buleuses et enveloppant entièrement le corps. Elles brillent des couleurs les plus belles, mais elles se tiennent cependant dans les lieux obscurs et redoutent la lumière du jour. Nous citerons la *chrysomèle variée* et la *chrysomèle tortue*.

2e ORDRE : ORTHOPTÈRES

Pour caractères particuliers de ces insectes, nous indiquerons : quatre ailes, dont les deux supérieures sont courtes et demi-coriaces, en forme d'élytres, et les inférieures, membraneuses, veinées et plissées en droite ligne ; des antennes composées ordinairement de plus de onze articles; la bouche organisée pour la mastication; le corps mou et allongé. Nous ne pouvons parler que des principaux insectes de cet ordre.

PERCE-OREILLE

Il est remarquable par les petites pinces qui terminent son abdomen ; il vit dans les lieux humides et se nourrit de fruits et de fleurs. Il est faux qu'il puisse percer les oreilles.

BLATTES OU CAFARDS

Ces insectes, au corps mou et hideux à la vue, fuient la lumière et ne sortent que pendant la nuit; les mâles seuls peuvent voler.

Les blattes sont fort agiles; quelques espèces vivent toujours dans nos maisons, où elles sont très incommodes, et rongent tout ce qu'elles trouvent, mais principalement le pain, la farine, le sucre, le fromage et différentes provisions.

Elles se cachent pendant le jour dans les trous et les fentes des murs, derrière les tapisseries, dans les angles des armoires, etc. Elles sortent pendant la nuit et se répandent partout, mais la clarté d'une lampe suffit pour les écarter et les faire fuir, de là leur nom ancien de *lucifuges* (insectes qui fuient la clarté).

La femelle pond un ou deux œufs très gros, presque de la grandeur de la moitié de son ventre. Dès que la larve est éclose, elle court et vit avec les insectes parfaits. On dit que la blatte des cuisines garde son œuf attaché extérieurement à elle pendant plusieurs jours.

SAUTERELLES

La grande sauterelle verte est connue de tout le monde. Son corps, d'un beau vert, laisse voir sur le dos une ligne et deux lignes pâles sous le ventre. Sa tête, placée verticalement, a quelque ressemblance avec celle du cheval.

Elle rumine, car elle a deux estomacs. La femelle pond ses œufs vers la fin de l'été dans les fentes de la terre ou

dans le sable ; après quoi elle meurt ; le mâle ne lui survit pas longtemps.

Ses œufs, de couleur blanchâtre, gros à peu près comme un grain d'anis, enveloppés dans une sorte de membrane filamenteuse, restent en terre jusqu'au printemps ; alors sortent des larves grosses comme des puces et qui passent en quelques jours du blanc gris au noirâtre et roussâtre. Au bout de vingt-cinq ou vingt-six jours la nymphe sauterelle, qui déjà saute, cherche à se débarrasser de l'enveloppe qui la retient ; elle est condamnée au jeûne, s'attache à quelque chardon ou à quelque épine, se gonfle, fait crever sa peau au-dessous du cou et sort par cette déchirure.

Les sauterelles ne volent guère par un temps obscur et froid; mais elles franchissent d'assez grandes distances dans l'air par un beau soleil d'été. Elles se nourrissent d'herbes, de fruits, et même, dit-on, de miel.

On connaît la *sauterelle porte-selle*, de couleur cendré-brun mêlée de vert et ainsi nommée à cause de son corselet qui ressemble assez à une selle; la *sauterelle contre les verrues*, ainsi nommée parce que, suivant Linné, en mordant les verrues elle y répand une liqueur caustique qui les fait sécher; la femelle de cette espèce porte à l'extrémité du corps une tarière grisâtre recourbée en cimeterre.

GRILLON

Le grillon des champs est brun avec des antennes minces et déliées, une grosse tête ronde et luisante, des yeux jeunes et proéminents. La femelle est armée à l'extrémité du corps d'une sorte de dard aussi long que son ventre et qui lui sert a déposer et à enfouir ses œufs en terre. Le grillon vit de fourmis et d'autres insectes.

Le grillon domestique est d'un brun cendré mêlé de bleuâtre; il se trouve fréquemment dans nos villes, il se cache dans les cheminées, les fours. Il chante toujours, excepté quand le froid est très vif. Le grillon passe pour porter bonheur à la maison qu'il habite.

3e ORDRE : NÉVROPTÈRES

Nous indiquerons comme caractères des insectes de cet ordre : quatre ailes nues, transparentes, à nervures ordinairement de même grandeur; une bouche organisée pour la mastication, des formes élégantes, de belles couleurs. Nous nommerons les principaux insectes névroptères.

TAUPE-GRILLON OU COURTILIÈRE

La courtilière est de la longueur du doigt et d'un gris sombre. Sa tête, assez petite, allongée, est garnie de deux antennes très déliées et de quatre antennules ; elle a trois yeux d'un brillant noirâtre et durs, et trois petits yeux lisses, tous rangés sur une ligne transversale. Le corselet ressemble à une cuirasse ; des espèces de griffes, assez semblables à des soies de sanglier, garnissent les pattes antérieures très grosses et aplaties.

On trouve la courtilière dans les lieux humides où elle passe la plus grande partie de sa vie, surtout dans les couches des jardins ; elle voyage la nuit en marchant lentement ou en sautant comme les sauterelles. Elle mange le blé, l'orge, l'avoine, dont elle fait des provisions pour l'hiver. Elle peut, sans mourir, supporter un jeûne de plusieurs jours.

On nomme la courtilière *taupe-grillon*, parce que, après avoir creusé la terre elle forme de petits monceaux de terre comme la taupe.

Pour nid, la courtilière choisit une motte de terre assez solide, qu'elle creuse et où elle dépose ses cent ou cent cinquante œufs, qui éclosent au mois de mai. Pour les détruire, on les arrose avec de l'essence de térébenthine ou de l'huile de noix.

LIBELLULES OU DEMOISELLES

Les libellules ont les ailes ouvertes et étendues comme les feuillets d'un livre ; le corps mince et allongé. Elles subissent les trois métamorphoses dont nous avons déjà parlé plus haut.

C'est sur la tête, le corselet de beaucoup d'espèces différentes, que brillent les couleurs qui les parent. On ne trouve nulle part un plus beau bleu tendre que celui qui orne le corps de quelques-unes ; celui de quelques autres est tantot jaune, tantôt rouge, tantôt vert d'émeraude.

Les libellules se rendent dans nos jardins, parcourent

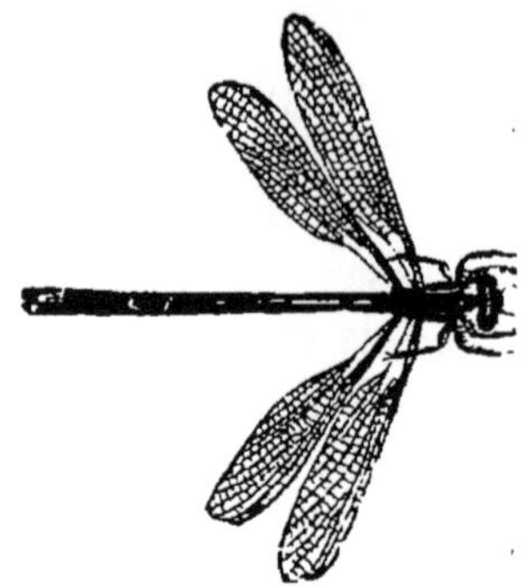

Libellule.

les campagnes, volent le long des haies, des ruisseaux, des petites rivières, pour faire une chasse meurtrière aux mouches, papillons et autres insectes.

ÉPHÉMÈRES

Les éphémères sont ainsi nommées à cause de la courte durée de leur vie : elles naissent après le coucher du soleil et meurent à son lever ; d'autres ne jouissent que d'une heure ou deux d'existence. On reconnaît ces insectes à leur tête grosse, à leurs yeux saillants, à leurs quatre ailes minces transparentes, placées comme celles des papillons. On les voit en grand nombre sur les marais, sur les ruisseaux, vers le milieu du mois d'août, où elles ne tardent pas à tomber mortes comme des flocons de neige ; les pêcheurs s'en servent comme d'excellentes amorces pour prendre le poisson. La femelle pond jusqu'à sept ou huit cents œufs, qui restent pendant trois ans au fond de l'eau pour éclore.

Il faut encore ranger dans les névroptères : les *ponorbes*, les *friganes*, etc.

4e ORDRE : HYMÉNOPTÈRES

Cet ordre contient des insectes qui se rapprochent beaucoup des névroptères ; pour caractères, nous citerons : leurs ailes membraneuses, à nervures longitudinales, leur abdomen armé, chez les femelles, d'une tarière ou d'un aiguillon.

Il faut ranger parmi les hyménoptères : les *abeilles*, la *guêpe*, le *frelon*, l'*andrène*, la *fourmi*, etc.

LES ABEILLES DOMESTIQUES

Les abeilles domestiques forment trois classes d'individus distinctes : les *mâles*, les *femelles* et les *ouvrières* ; ces dernières sont chargées de tous les travaux tant intérieurs qu'extérieurs ; elles récoltent de quoi faire le miel et la cire pour construire les nids et nourrir les petits ; elles se trouvent ordinairement au nombre de quinze ou seize mille dans une ruche où il n'y a qu'une seule femelle, et de deux cents à huit cents mâles.

Les femelles se reconnaissent à leur abdomen assez long proportionnellement ; les *ouvrières* sont plus petites que les mâles et les femelles.

Chacun des gâteaux d'une ruche, placé parallèlement, est composé de cellules à six côtés, appliquées les unes auprès des autres, les unes contenant le miel, les autres les œufs, et plus tard, les œufs devenus larves à la base des gâteaux ; à l'entrée de leur demeure, les abeilles font une sorte de maçonnerie avec une substance particulière appelée propolis, qui provient des bourgeons du peuplier et de quelques autres arbes.

Les larves éclosent au bout de trois jours ; elles sont de couleur franche, sans pattes, et roulées en cercle. Les abeilles ouvrières montrent pour elles la plus grande tendresse, le plus grand dévouement.

Il meurt beaucoup d'abeilles tous les ans, les unes de mort naturelle, les autres victimes des oiseaux, des mulots, des guêpes, des teignes, des araignées et des mites.

LES GUÊPES

On reconnaît ces insectes à leur corps lisse, à leur ventre qui ne tient au corselet que par un filet très fin, à leur couleur mêlée de jaune et de noir combinés par raies, à leur bouche évasée, assez semblable aux fleurs qu'on appelle botanique en *fleurs en gueules*.

Les guêpes vivent en société ; nous signalerons deux ou trois espèces principales.

La guêpe commune, de la grosseur d'une abeille, a les antennes noires, les mandibules jaunes, le reste du corps noir et jaune. Elle vit dans des demeures souterraines. On l'appelle *guêpe domestique* parce que c'est elle qui envahit audacieusement nos maisons et qui va jusque sur nos tables manger nos fruits. Le guêpier, creusé ordinairement à un pied et demi de profondeur, a pour entrée un trou assez étroit ; puis l'on voit une galerie qui conduit par de nombreux détours au centre même de l'habitation, formant un assemblage de petites voûtes. Le guêpier jusqu'à douze ou quinze étages au milieu desquels sont des colonnades. Les cellules ne servent qu'à contenir les larves.

La guêpe de Cayenne, appelée *guêpe cartonnière*, attache à une branche d'arbre son guêpier qui est fait d'une sorte de carton très solide. Il ressemble assez à une cloche allongée fermée en bas par un couvercle, n'ayant qu'une ouverture très étroite. Des galeries de même matière et de même forme sont disposées à l'intérieur, étage par étage, et percées parallèlement chacune d'un trou qui permet aux guêpes de circuler librement dans leur demeure.

La guêpe *aérienne*, qui est la plus petite, forme son

nid avec des feuilles d'une sorte de carton qui ressemble à une grosse rose au moment de son épanouissement ; un vernis particulier en recouvre la surface et l'empêche d'être pénétré par la pluie.

FOURMIS

Les fourmis, si vantées par leur travail et leur économie, vivent en société dans des domiciles appelés *fourmilières*. On connaît en France deux espèces de fourmis : la grosse *fourmi des bois* et la petite *fourmi des jardins*. Chaque fourmilière contient : des *mâles*, faciles à distinguer par la petitesse de leurs corps et la grosseur de leurs yeux ; des *femelles*, grosses, grandes, armées d'un aiguillon à l'anus ; et des ouvrières, armées pareillement d'un aiguillon, mais qui n'ont pas d'ailes. Les mâles sont peu sédentaires, les ouvrières et les femelles sont toujours au logis, excepté pendant le temps des provisions.

Les fourmis vivent de fruits, de graines, d'insectes morts, de charognes, de sucre, etc. ; si on leur jette un lézard, un crapaud, un oiseau ou un rat, elles le dissèquent mieux que ne pourrait le faire le plus habile naturaliste. Elles ne gardent point de nourriture en réserve, comme on l'avait pensé ; elles mangent sur-le-champ le butin apporté dans leur habitation et rejettent leurs restes dehors.

Les larves des fourmis sont blanches et oblongues ; les ouvrières en ont le plus grand soin et les apportent régulièrement à l'entrée de leur souterrain pendant les beaux jours d'été, pour les exposer aux rayons du soleil.

Après la naissance des larves, les mâles et la plus grande partie des femelles périssent, et, l'hiver venu, on ne trouve guère dans les fourmilières que les ouvrières engourdies qui ne sortiront de leur léthargie qu'au printemps.

Parmi les fourmis étrangères, nous citerons : les *visi-*

tatrices de Surinam, qui délivrent l'homme des araignées et d'autres insectes ; les *grosses fourmis* d'Amérique, qui, en une seule nuit, dégarnissent des arbres entiers de leurs feuilles ; les *fourmis mineuses*, des Indes-Orientales, qui marchent dans des galeries souterraines, qu'elles se creusent elles-mêmes, malgré les obstacles de toutes sortes ; pour exécuter leur travail, elles se partagent en deux bandes : les unes apportent les parcelles de terre destinées à garnir la voûte, les autres fournissent la matière visqueuse qui sert de ciment ; les *saccharivores* d'Amérique, redoutées surtout des planteurs ; elles peuvent détruire en une nuit des centaines de cannes à sucre, qu'elles rongent par la racine et par les feuilles ; elles attaquent la volaille, les bestiaux, les enfants au berceau ; les rivières, les torrents des montagnes ne les arrêtent pas dans leur marche ; les premières de la troupe s'attachent à un morceau de bois, forment une chaîne, se cramponnent aux deux rives et servent ainsi de pont sur lequel toutes les autres passent sans danger.

5e ORDRE : LÉPIDOPTÈRES OU PAPILLONS

Un des ordres les plus remarquables et les plus nombreux des insectes est celui-ci. Leurs caractères principaux sont : quatre ailes longues, veinées, recouvertes d'une sorte de poussière farineuse, nuancées de diverses manières et composées d'écailles colorées. Les papillons éprouvent de complètes métamorphoses.

Sous la forme de larves, les lépidoptères ont reçu le nom de chenilles, qui, parvenues à leur entier accroissement après trois ou quatre mues, doivent se changer en chrysalides ou nymphes pour devenir ensuite insectes parfaits.

Les chenilles ont ordinairement le corps long et cylindrique, couvert d'une peau membraneuse, nue ou hérissée de poils, composé de douze ou treize anneaux séparés par des incisions plus ou moins apparentes et garni de chaque côté de neuf stigmates que l'on peut apercevoir distinctivement. La tête est couverte d'une peau écailleuse en forme de casque avec de petites antennes et des barbillons. La bouche est munie de deux fortes mâchoires par le moyen desquelles les chenilles rongent les feuilles, les fleurs et les fruits des plantes et des arbres, les pelleteries et toute les diverses matières dont elles se nourrissent; on aperçoit à la partie inférieure la *filière* ou petit trou où passe le fil qu'elles tirent de leur corps pour former le cocon dans lequel elles s'enferment pour leur deuxième métamorphose.

Les *chrysalides* sont de figure plus ou moins conique; elles sont couvertes d'une peau dure et écailleuse sur laquelle sont empreintes, quoique un peu obscurément, les parties de l'insecte ailé qu'elles recèlent.

Les *chenilles* se divisent, comme leurs papillons, en *diurnes*, *crépusculaires* ou *sphinx*, et *nocturnes* ou *phalènes*, et chaque espèce travaille à ses transformations avec une industrie pareille, mais avec des particularités on ne peut plus intéressantes, que le manque d'espace nous empêche de décrire.

DIURNES

On compte plus de huit cents espèces de diurnes. Nous nous bornerons à dire un mot des plus beaux, des plus rares, sans oublier quelques-uns des plus curieux.

Le *paon du jour*, aux ailes d'un brun fauve en dessus, a un œil sur chacune; le dessous des ailes est également d'un brun fauve.

Le *morio*, d'un beau noir velouté, tacheté de jaune et de bleu, passe, dit-on une partie de l'hiver caché dans des trous.

Le *vulcain*, aux ailes d'un beau noir, a une large bande

rouge et des plaques blanches sur les ailes supérieures. Il est très commun en France.

Citons encore le *protésilas*, la *grande tortue*, l'*ajax*,

Le paon du jour.

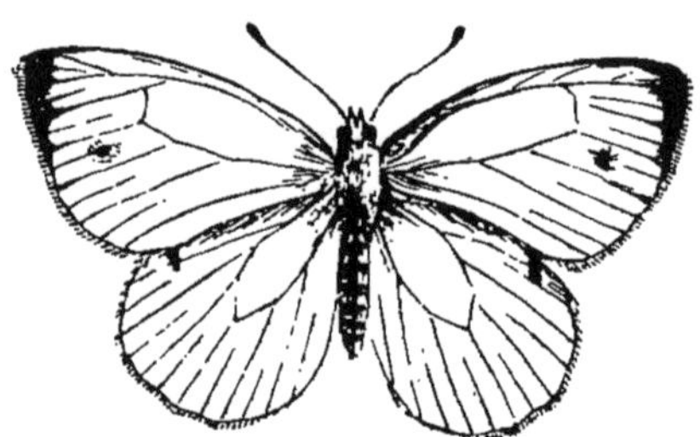

Papillon navet.

L'hécube.

l'*agapénor*, la *piéride callidice*, le *satyre-norma*, l'*aurore cardamine*, etc., le *poirier* ou *grand paon*, l'*orion*, l'*hébé*, le *chardon* (papillon du chardon), l'*ortie* (papillon de l'ortie), le *daphné*, l'*hécube*, le *navet* (papillon du navet),

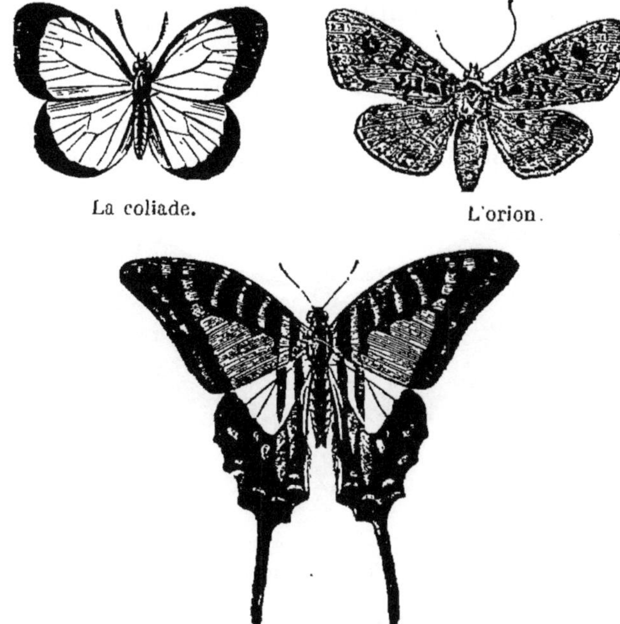

La coliade.

L'orion.

L'agapénor.

le *chou* (papillon du chou), la *rave* (papillon de la rave), la *coliade*, etc.

CRÉPUSCULAIRES

Ce sont des lépidoptères au corps robuste, caractérisés

Le sphinx gazé.

Le marronia.

par une tête allant un peu en pointe, par des ailes triangulaires, par un addomen conique. Ils ne se montrent qu'à la chute du jour et volent avec rapidité sur les fleurs dont ils pompent le suc. Parmi les principaux, nous citerons :

Le *sphinx atropos* ou *tête de mort*, ainsi appelé parce qu'il porte sur son corselet l'empreinte assez exate de la face d'un squelette humain ; il est remarquable par sa

Tête de mort.

grande taille, surtout par la faculté qu'il possède seul, parmi les insectes, de faire entendre un cri lorsqu'on l'inquiète ; ce cri ressemble assez à celui d'une souris. Il pénètre souvent dans les ruches, extermine les abeilles et dévore leurs larves et leur miel. — Le *sphinx gazé*, le *sphinx liseron*, le *sphinx rayé*, les *marronias* ou *sphinx du marronnier*, et la *zygène*.

NOCTURNES OU PHALÈNES

Ils sont caractérisés par des antennes diminuant d'épaisseur de la base à la pointe, et qui ressemblent assez, par leur forme, aux plumes des oiseaux, parmi les principales phalènes nous citerons :

La *saturnie*, le plus grand des lépidoptères d'Europe qui a des ailes grises en dessus ; une large bande d'un brun jaune clair sur le milieu de chaque aile ; de plus un œil noir sur l'aile, avec un cercle blanc et un rouge ; le corps brun, le corselet roussâtre, l'abdomen gris. Il est commun en France sur les arbres fruitiers.

Il y a un autre paon de nuit un peu plus petit que le premier.

Le *bombyx du peuplier* ou *feuille morte* ressemble

La saturnie ou paon de nuit.

assez, comme son nom l'indique, à une feuille morte ; il atteint une assez grande taille.

Le *bombyx du ver à soie*, autrefois type des bombycides est aujourd'hui le type du genre séricaire ; sa larve a la forme d'un ver grisâtre qui, après avoir subi quatre

La noctuelle.

mues en trente-cinq ou quarante jours, commence à filer ; elle achève son cocon en trois ou quatre jours, devient chrysalide, puis insecte parfait. On nourrit les vers à soie avec des feuilles de mûrier.

Les *noctuelles*, les *plumistaires*, etc., font partie de cette famille.

6e ORDRE : HÉMIPTÈRES

Pour caractères de ces insectes, nous citerons : quatre ailes, les supérieures cornues dans la première moitié,

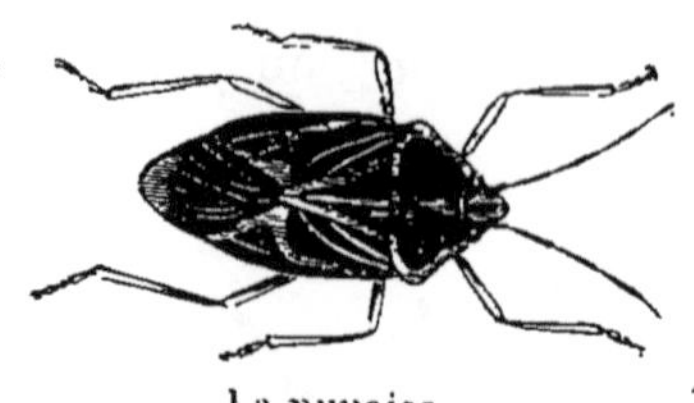

La punaise.

membraneuses dans leur partie terminale ; la tête garnie de trois soies aiguës formant un suçoir.

Il nous suffira de nommer les principaux hémiptères : la *puce*, la *punaise*, la *cigale*, la *cochenille*, le *puceron*, le *phylloxéra*, etc.

7e ORDRE : DIPTÈRES

Comme caractères principaux, on remarque deux ailes

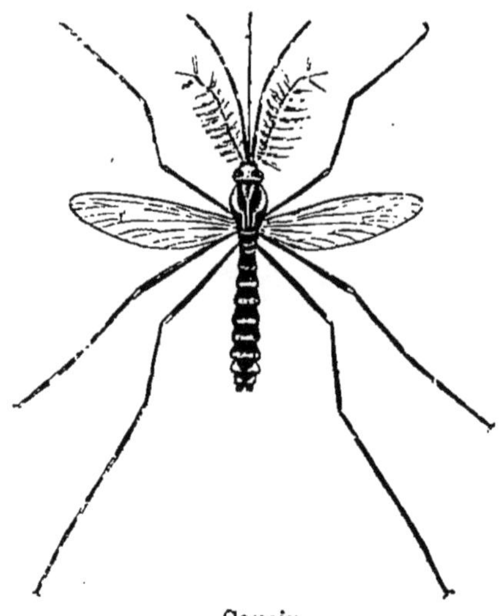

Cousin.

membraneuses, plus ou moins transparentes, presque

toujours accompagnée de petits appendices écailleux, appelés *balanciers* et *ailerons*, et leur servant, dit-on, à régulariser leur vol. Les diptères se nourrissent du suc des plantes, du sang des animaux et de matières en putréfaction.

Nous nommerons seulement la *mouche*, les *cousins*, les *taons*, la *mouche à feu* et la *mouche à scie*.

8e ORDRE : APTÈRES OU PARASITES

Ce sont des insectes suceurs, dépourvus d'ailes et ne subissant pas de métamorphoses. Ainsi que l'indique leur nom, ils vivent sur le corps d'autres animaux.

Les plus communs sont : les *poux* qui s'ettachent surtout à l'homme ; les *tiques* qui vivent sur les chiens; les *mites* qui s'en prennent aux insectes ; et enfin *les ricins* qui se nourrissent des belles plumes des oiseaux.

CINQUIÈME PARTIE

ZOOPHYTES

Le dernier échelon du règne animal est occupé par des animaux invertébrés dont la forme se rapproche plus ou moins de celle des plantes. Ils paraissent privés de tous les organes autres que ceux de la digestion et du mouvement.

On en distingue cinq classes principales que nous allons rapidement passer en revue : 1° les *échinodermes* ; 2° les *acalèphes* ; 3° les *polypes* ; 4° les *infusoires* et les *microbes* ; 5° enfin, les *spongiaires*.

ÉCHINODERMES

Ces animaux, appelés aussi *rayonnés*, à cause de la disposition de leurs organes, sont de tous les zoophytes les moins rudimentaires. Leur appareil respiratoire paraît assez développé.

On range parmi les échinodermes les *holothuries*, les *oursins*, les *astéries* ou *étoiles de mer*, etc.

ACALÈPHES

Les acalèphes sont des animaux mous, de consistance gélatineuse, organisés pour nager, ou plutôt pour flotter dans la mer.

Dans cette classe se placent les *méduses*, les *béroés*, les *cestes*, etc.

POLYPES

Les polypes vivent fixés à des corps étrangers, autour desquels leur peau, en se durcissant, finit par former comme une enveloppe calcaire. Ils se reproduisent au moyen de bourgeons qui, en se prolongeant, vont se réunir à d'autres, de telle sorte que plusieurs générations se trouvent ainsi greffées les unes sur les autres.

Ces masses solides, qui affectent les formes les plus diverses et les plus bizarres, prennent le nom de *polypiers*. Il en est qui atteignent de si vastes proportions qu'elles arrivent à former des récifs émergeant de la surface de la mer et même de véritables îles habitables. On rencontre dans l'océan Pacifique beaucoup de ces îles d'origine animale, dont quelques-unes ont plus de 40 kilomètres de diamètre.

On range dans cette classe le *corail*, les *actinies* ou *anémones de mer*, les *caryophyllies*, les *astrées*, les *hydres*, etc.

INFUSOIRES ET MICROBES

Ces animalcules infiniment petits ne s'aperçoivent qu'au microscope. Il en est qui ne mesurent pas plus de 5 dix-millièmes de millimètre.

Ils existent par quantités innombrables dans l'eau contenant des débris organiques, dans l'air, dans certaines parties de notre corps et de celui des animaux, dans toutes les matières en décomposition. Ils affectent les formes les plus diverses et se meuvent avec une merveilleuse agilité au moyen de cils animés de mouvements vibratiles.

On donne plus spécialement le nom de *microbes* à ceux de ces organismes microscopiques qui sont les agents des fermentations, des moisissures et d'un grand nombre de maladies, telles que la rage, la fièvre typhoïde, le choléra, la tuberculose, etc.

On distingue parmi ces animalcules: les *micrococcus*, les *vibrions*, les *bactéries*, les *bacilles*, etc.

SPONGIAIRES

Ces zoophytes paraissent à peine appartenir au règne animal. En effet, excepté dans les premiers temps de leur vie, ils semblent plutôt n'être que des plantes informes.

Lorsqu'ils sont jeunes, ils nagent dans la mer au moyen de cils vibratiles, puis ils se fixent sur un corps étranger quelconque. A partir de ce moment cesse pour eux toute manifestation appréciable de la vie; ils ne font plus aucun mouvement, paraissent dépourvus de toute sensibilité et, en grandissant, se déforment complètement.

A certaines époques de l'année, de ces animaux immobiles se détachent de jeunes spongiaires doués, comme eux autrefois, de la faculté de nager.

Le type de cette classe est l'*éponge*. Les éponges, dont on distingue de nombreuses espèces, se trouvent sous presque toutes les latitudes, mais on les pêche surtout dans la Méditerranée, dans l'Archipel et sur les côtes de Syrie.

Les spongiaires ne vivent pas tous dans la mer; on en rencontre dans les eaux douces quelques espèces auxquelles on donne le nom de *spongilles*.

FIN

INDEX ALPHABÉTIQUE

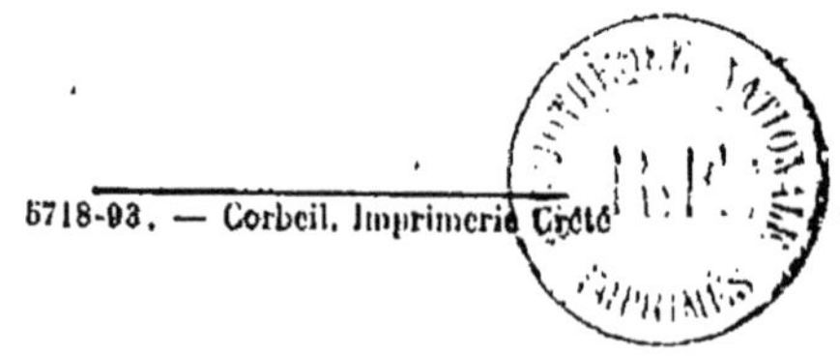

5718-93. — Corbeil. Imprimerie Crété

Souvenirs d'un jeune Franc-Tireur, par Eugène MULLER. Illustrations de Lix.

Voyage et aventures autour du monde de Robert Kergorieu, par Philibert AUDEBRAND. 70 gravures sur bois hors texte et dans le texte.

Un Petit-Fils de Robinson, par Philibert AUDEBRAND. Illustrations de G. Fath et Fellmann.

Trois Collégiens en vacances, par Albert LAPORTE. Illustrations de Gerlier.

Les Mémoires d'une Hirondelle, Histoire alsacienne, par Albert LAPORTE. Illustrations de Ch. Gaildrau.

Aventures de Robinson Crusoé, par Daniel de FOË. Traduction nouvelle. Illustrations de G. Lafosse.

Le Robinson suisse, ou Histoire d'une famille suisse naufragée. Illustrations de Gerlier et Specht.

Le Robinson des Demoiselles, par Mme WOILLEZ. Illustrations de G. Lafosse.

La Petite Cousine, par Marie VINCENT. Illustrations de Gerlier.

Les Mémoires d'une jeune Fille, par Marie VINCENT. Illustrations de J. Pelcoq.

Les deux Amies, suivi de l'*Histoire d'un grand-père*, par Marie VINCENT. Illustrations de V. Foulquier et Gerlier.

La jeune Émigrante, Scènes de la vie des colons, par H. MARGUERIT. 67 gravures sur bois hors texte et dans le texte.

Buffon illustré de la Jeunesse, abrégé de l'*Histoire naturelle des Animaux*, 243 gravures sur bois.

Don Quichotte de la Manche, par Michel CERVANTÈS. Nouvelle édition, abrégée à l'usage de la jeunesse, d'après la traduction de Florian. Nombreuses illustrations hors texte.

Les Contes de Perrault, précédés d'une préface par J.-T. DE SAINT-GERMAIN. Gravures sur acier, d'après Désandré, dessins dans le texte par Adrien Marie, Fath, etc.

Fables de La Fontaine, illustrées de 27 gravures sur bois hors texte, d'après les compositions de H. Weir, et de 50 vignettes dans le texte, par Désandré et Hadamar.

Fables de Florian, suivies d'un *Choix de fables par divers auteurs*. Illustrées de 32 gravures sur bois hors texte, d'après les dessins de F. Lacaille et F. Besnier.

5718-03. — CORBEIL. IMPRIMERIE ÉD. CRÉTÉ.

www.ingramcontent.com/pod-product-compliance
Ingram Content Group UK Ltd.
Pitfield, Milton Keynes, MK11 3LW, UK
UKHW020602230726
13926UKWH00005B/2156

9 782013 704083